Lighting Notebook of
Garden and Residence

정원과 집의
조명 디자인

하나이 가즈히코 지음 | 이지호 옮김

한스미디어

Contents

1

건물 외관

2

정원

3

5

4

Column

디자인 : ThereThere   일러스트 : 호리노 지에코

프롤로그

어떻게 해야 정원의 나무에 아름답게 조명을 비출 수 있을지 궁리를 하다 보니 언제부터인가 '정원의 기타로'라고 불리게 되었습니다.

주택의 조명에 관한 제안은 대개 실내에 집중되어 있습니다. 하지만 저는 건물 외관과 정원을 포함한 주택 전체의 조명을 어떻게 제안할지 궁리합니다. '실내조명'과 '외관 조명'이라는 말이 있듯이 조명의 개념은 실내외로 나뉘어 있습니다.

단절된 느낌을 주지 않고 경계가 모호하게. 실내와 실외를 동시에 생각하면 그 중간 영역의 존재를 깨닫게 됩니다. 툇마루처럼 아늑함을 주는 장소, 아름다운 경관을 바라볼 수 있는 창문 같은 곳처럼. 이 모호한 장소에 등을 밝히면 안팎은 조용히 연결되기 시작합니다.

밤의 정원은 그냥 두면 어둠에 둘러싸입니다. 빛이 없으면 아무것도 보이지 않고요. 어둠이라는 캔버스에 빛이라는 붓으로 경치를 그리는 것도 제가 하는 일입니다. 그리고 나무는 정원의 경치에 빼놓을 수 없는 존재지요. 그 나무는 상록수인가, 낙엽수인가. 수형은 단간형인가, 다간형인가. 나무마다 개성을 가지고 있습니다. 어둠 속에서 그 개성을 가장 아름답게 돋보이게 하는 조명을 궁리하고 있습니다.

밤에는 실내가 잘 보일 것을 우선한 결과 무작정 실내조명을 밝게 하는 경향이 있습니다. 하지만 밤에 실내가 너무 밝으면 창문 너머로 바깥 풍경이 보이지 않게 되지요. 안팎의 경치가 자연스럽게 연결되는 것이 아니라 끊어지고 맙니다. 실내를 어둡게 하면 보이는 경치가 있음을 알리고 싶습니다.

보통은 악(惡)으로 취급되는 어둠과 그림자를 우리 편으로 만드는 것 또한 조명 디자이너의 임무입니다. 그래서 이것을 성공시키기 위해 도면을 열심히 들여다보고 정원의 나무 한 그루 한 그루를 세심하게 관찰하며 조명 기구를 하나하나 진지하게 배치해 집의 조명을 완성시킵니다.

집과 정원을 조명으로 연결해 밤의 생활을 더욱 풍요롭게 하는 조명 입문서를 만들고 싶었습니다.

정원과 집을 연결하는 조명

강관 기둥으로부터 바깥쪽으로 툭 튀어나온 노출 콘크리트 슬래브가 인상적인 건축물. 밖에는 건물을 둘러싸듯이 나무를 심어놓았다. 외관 조명은 업 라이트(Up-light)로, 아래에서 위로 나무를 비춰 나뭇잎의 모양을 노출 콘크리트의 천장에 투영함으로써 비일상적인 아름다움을 연출했다. 개구부가 많아서 실내외의 조명을 전부 전구색(2,700K)으로 통일해 연결성을 이끌어냈다.

[사진 : 이나즈미 야스히로]

노출 콘크리트 슬래브, 실외 계단과 강관 기둥, 정원수의 대비가 인상적인 중간 영역. 처마 밑면에 특별 주문한 조명 기구를 설치해 V자 형태의 강관 부근에 빛과 그림자를 연출함으로써 구조의 강함을 강조했다.

[사진 : 이나즈미 야스히로]

8

실내에서 벽 전체를 가득 채운 유리창 너머로 정원을 바라본 모습. 실내 쪽의 조명으로 되비침이 없는 글레어리스(Glareless) 다운 라이트를 사용한 덕분에 선명한 푸른색의 정원이 또렷하게 보인다.

눈부심을 억제하는 글레어리스 다운 라이트를 채용한 다이닝룸. 기구를 천장의 판재와 같은 색으로 칠해 인테리어와 어우러지게 했다.

다다미방은 벽과 천장을 회색으로 칠해 공간이 유리창에 되비치는 것을 억제했다. 정원의 조명은 키 작은 나무를 위에서 아래로 비추고 있다. 빛의 무게 중심을 낮게 억제하면서 실내의 스탠드 조명을 의도적으로 유리창에 되비치게 해 정원의 풍경과 융합시켰다.

[사진 : 이나즈미 야스히로]

실내의 어두움과 생활

'밝음은 선이며, 어두움은 악이다.'

실내조명은 대체로 이 규칙을 바탕으로 만들어진다. 유명한 건축가였던 미야와키 마유미(宮脇檀)는 "실내의 밝기에 대한 일반적인 상식은 어디서나 신문을 읽을 수 있어야 한다"라고 말했다. 거주자는 LDK, 즉 거실·식당·주방은 물론이고 현관·복도·화장실에서까지 작은 글자를 읽을 수 있고 벽 구석까지 밝은 조명으로 가득한 주거 공간을 원한다. 그렇지 않으면 불안해한다.

한편 주택 설계자나 인테리어 코디네이터들과 이야기를 나눠보면 "한밤중의 조명은 어두운 편이 좋지요"라는 의견에 동감한다. '그 집에 사는 사람이 원하는 밝기'와 '그 집을 짓는 사람이 선호하는 밝기' 사이에 메울 수 없는 골이 오랜 기간 존재해온 것이다. 이 같은 의식의 괴리가 생겨나는 배경은 거주자들이 기존 주택의 조명, 좀 더 정확히는 천장에 설치된 형광등에서 나오는 희고 밝은 빛을 정답으로 여기며 현 상태에 만족한다는 데 있다.

일본의 대표적인 조명 방식은 '1실 1등'이다. 이 방식이 꼭 잘못된 것은 아니다. 기본 건축비를 아낄 수 있으면서 공간을 구석구석 밝게 비출 수 있고, 전기 공사도 간단하며, 익숙한 빛이기 때문이다. 여기에 클레임이 적고 조명 기구도 쉽게 교환할 수 있다. 다만 이래서는 조명 계획이 '야간의 움직임을 가능하게 하고 시작업(視作業)을 위한 밝기를 확보하는' 설비 계획으로 끝나버린다.

미야와키 마유미는 "형광등은 정식(定食)이고, 백열등은 미식(美食)이다"라는 말도 남겼다. 벽의 구석까지 밝은 빛이 닿는, 효율적이며 밝은 형광등은 포만감을 얻는 것이 목적인 '정식'과 같다. 한편 광량(光量)을 억제하고 따뜻한 빛을 발하는 백열등은 포만감은 얻을 수 없지만 안락함과 만족감을 가져다주는 '미식'에 비유할 수 있다. 광원이 LED로 바뀐 지금도 주택 조명의 기본은 '정식'인지 모른다.

집에는 어두움을 긍정하는 시간과 장소가 필요하다. 다만 '나쁜 어두움'과 '기분 좋은 어두움'이 존재한다. '나쁜 어두움'은 시작업을 하는 데 지장을 준다. 시작업을 희생하면서까지 밤의 주거 공간을 어둡게 하면 조명 계획이 실패했다고 말할 수밖에 없다. 과도한 밝기나 불쾌한 눈부심을 억제하고 따뜻한 조명에 적당한 그림자가 존재하는 '기분 좋은 어두움'은 밤의 주거 생활을 풍요롭게 한다. 이런 구체적인 장면을 상상해보자.

'아웃도어 리빙에서 마음이 맞는 동료들과 식사를 한다.' '은은한 조명 아래에서 소중한 사람과 술을 즐긴다.' '실내의 밝기를 낮추고 영화나 정원의 풍경을 즐긴다.'

사람은 밤에 안락한 장소를 원할 때면 무의식중에 어두움을 추구하며, 그림자를 이용해서 사람과 사람 사이에 적당한 경계선을 만든다.

'밝음은 선이며, 어두움도 선이다.'

어두움을 허용하고 긍정적으로 인식할 수 있는 주택 환경이 형성된다면 밤의 주거 공간의 질은 틀림없이 향상될 것이다.

안팎이 하나로 연결되는
밤의 코트 하우스

석벽으로 둘러싸인 중정에 삼나무 천장과 쇠물푸레나무 벽의 스킵 플로어(스플릿 플로어Split Floor)가 있는 코트 하우스(Court House). 정원은 벽으로 둘러싸여 있어 빛을 받는 면이 많으며, 높은 곳에서 스포트라이트가 마치 달빛 같은 자연스러운 빛을 비춰 정원의 아름다움을 강조한다. 한편 실내는 나무 벽과 천장에 조명 기구를 설치하지 않고 간접조명으로 삼나무 판 천장과 2층의 벽면을 비춰서 공간을 밝게 했다. 안팎의 밝기의 균형을 궁리함으로써 공간이 깊고 넓어 보이도록 연출한

조명이 켜진 중정. 높은 곳에서 내리비추는 빛이 낙엽수 잎을 통과해 눈으로들어온다. 업 라이트도 사용해 처마밑면에 나무의 실루엣이 비치게 했다.

식탁에 작은 코드 펜던트 4개를나란히 배치했다. 펜던트의 높이(램프 아랫면의 높이)는 의자에 앉았을 때의 시선 등을 고려해 식탁 면에서 680㎜로 설정했다.

밤의 리빙룸. 실내의 밝기를 낮추면서 정원을 밝게 연출했다. 픽처 윈도너머에 있는 푸른 정원수와 진달래꽃, 석벽으로 자연스럽게 시선이 간다. 집광한 빛으로 강조한 소파의 소재감도 아름답다.

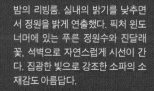

[사진 : 이시이 노리히사]

14

1

건물 외관

Exterior

외관 조명이 만드는 아름다운 거리

주택의 외관 조명은 문주등, 현관 외부 벽등, 방범등이라는 '3종의 조명 기구'만 있으면 기본적으로 조명 계획이 마무리된다. 다만 그와 동시에 이웃이나 동네를 배려해 밤의 거리를 아름답게 만들 궁리를 해야 한다. 그것이 조명 디자이너가 할 일이며 의무이기도 하다. 그러나 외관 조명은 쉽지 않다. 아무리 밤의 어둠 속에서 조명을 비춘들 낮처럼 밝아지지는 않는다. 사람은 눈에 보이지 않는 빛이 '무엇인가'에 닿아서 반사된 것을 봤을 때 비로소 밝기나 형태, 색을 인식한다.

따라서 '무엇을 비출 것인가'가 중요하다. 조명 기구를 선정하는 것만으로는 아름다운 거리 만들기가 완성되지 않는다. 무작정 외벽이나 차고에 조명을 비춰서는 전혀 아름답게 보이지 않는다. 무엇을 비추느냐에 따라 경관이 크게 달라진다.

조명이 아름다운 나무를 비춘다. 잎이 반사판 역할을 해 어둠 속에 나무의 모습이 떠오른다. 그리고 이런 조명이 집집마다 이어지면서 아름다운 거리가 만들어진다.

주택 한 채에 얽매이지 않고 '아름다운 경관 만들기'까지 염두에 두는 조명을 제안한다. 이것이 나의 신조다.

문주등, 현관 외부 벽등, 방범등으로 구성된 외관 조명. 기능적이기는 하지만 경관에서 매력이 느껴지지 않는다. 정원수가 없는 것도 경관을 살풍경하게 만든다.

아름다운 경관을 만드는 3종의 외관 조명

① 유니버설 다운 라이트

처마 밑의 다운 라이트 (Down-light)는 기구의 '존재감'을 최소한으로 억제하면서 조명을 비추는 대상을 강조하는 데 효과적이다. 특히 유니버설형은 빛의 방향을 조정할 수 있어 연출 효과가 높다.

분양 주택지의 외관 조명. 색온도를 전구색(2,700K)으로 통일해 건물보다 나무를 부각시켰다. 실내에서 새어 나오는 조명도 전구색이다. 조명의 밝기를 억제함으로써 다른 곳에서는 보기 어려운 아름다운 밤거리를 만들어냈다.

② 스파이크식 스포트라이트

스포트라이트는 조명을 비추는 대상과 조명 기구의 위치 관계를 조절하는 데 최적화된 조명 기구. 배광 각도를 고를 수 있어 조명을 비추는 대상에 맞춘 최적의 빛을 선택할 수 있다.

③ 정원등

정원등은 주변에 온화한 빛의 지대를 만드는 데 최적화된 조명 기구. 낮의 풍경도 고려해 콤팩트한 디자인을 고른다.

'다간 수형'과 '단간 수형'

수목의 줄기는 크게 '다간 수형'과 '단간 수형'으로 나뉜다. 하나의 뿌리에서 여러 개의 줄기가 갈라져 나오면 '다간 수형', 뿌리부터 상부까지 줄기가 하나만 올라오면 '단간 수형'이다.

'다간 수형' 나무는 조명을 비추면 줄기가 빛을 받는 면이 좁아 그 틈새로 빛이 새어 나오면서 어둠과 적당히 동화된다. 그리고 줄기의 틈새에서 새어 나오는 빛이 나뭇잎을 부각시킨다.

'단간 수형' 나무는 조명을 비추면 줄기가 굵을수록 빛을 차단해서 그림자가 생기기 쉽다. 또한 밀집된 나뭇잎이나 가지가 빛이 빠져나가는 길을 막아버린다. 그러므로 줄기보다는 바깥쪽에서 나뭇잎을 어루만지듯 조명을 비추는 것을 추천한다.

나무라고 해서 전부 똑같이 생각하면 안 된다. 나무 각각의 특성을 이해하고 조명 방법을 고민해야 한다. 나무의 야경을 아름답게 만들려면 말이다.

다간 수형

가는 줄기의 다간 수형 나무는 조명을 비추면 그 섬세함이 아름다운 느낌을 준다. 쇠물푸레나무처럼 잎이 작으면 빛이 나무 전체에 고루 닿아 더욱 아름답다.

다간 수형   단간 수형

다간 수형과 단간 수형을 비교한 모습. 줄기·가지·잎이 만드는 표정이 크게 다르다.

단간 수형

줄기의 굵고 거친 모습이 강조되어 아름답게 느껴지지 않는다. 잎이 밀집해 있어서 빛이 고루 닿지 않아 어두운 부분과 그림자가 생기므로 조명의 난이도가 높다.

소철은 뒤에서 업 라이트로 비추면 굵은 줄기에 그림자가 져서 으스스한 인상을 준다.

같은 단간 수형이라도 대나무는 줄기와 잎이 가늘어서 빛이 위까지 잘 빠져나간다. 그래서 업 라이트로 비추면 아름다운 경관을 연출할 수 있다.

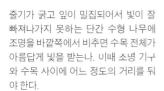

줄기가 굵고 잎이 밀집되어서 빛이 잘 빠져나가지 못하는 단간 수형 나무에 조명을 바깥쪽에서 비추면 수목 전체가 아름답게 빛을 받는다. 이때 소녕 기구와 수목 사이에 어느 정도의 거리를 둬야 한다.

'상록수'와 '낙엽수'

수목마다 '잎'의 크기나 두께는 다르다.

일반적으로 낙엽수의 잎은 두께가 얇고 옅은 녹색을 띤다. 빛이 닿으면 창호지처럼 빛을 부드럽게 투과한다.

한편 상록수는 잎이 두꺼워서 빛이 잘 투과되지 않는다. 안일하게 조명을 비추면 건물의 외벽이나 담장에 진한 그림자가 생기므로 수목보다 그림자가 주역이 된다.

상록수의 잎은 앞뒷면의 표정이 다르다는 점을 기억하기 바란다. 햇빛을 받는 표면은 칠기처럼 광택이 있어서 빛을 적당히 반사한다. 그래서 잎의 앞면을 비추는 위에서 아래로의 조명과 궁합이 잘 맞는다.

빛을 투과하는 잎과 반사하는 잎. 조명 기법이 같더라도 잎의 종류에 따라 표정이 크게 달라진다. 수목의 조명은 잎의 조명이라고 생각해도 무방하다.

낙엽수(쇠물푸레나무·당단풍나무)에 위에서 아래로 조명을 비춘 모습. 잎을 투과한 빛이 아름답다.

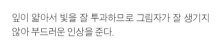

상록수

빛을 반사한다
(표면에 광택이 있다)

빛이 잘 투과되지
않는다

그림자가 잘 생긴다

잎이 두껍고 표면에 광택이 있으므로 빛을 반사해 잎이 밝게
보인다. 빛을 투과하지 않아서 그림자가 잘 생긴다.

낙엽수

빛이 잘 투과된다

그림자가 잘 생기지
않는다

잎이 얇아서 빛을 잘 투과하므로 그림자가 잘 생기지
않아 부드러운 인상을 준다.

낙엽수의 조명은 사계절의 변화를 느끼는 데 최적이다. 쇠물푸레나무처럼 다간 수형이고 잎의 밀도가 낮은 수목은 전체가 빛을 받아 매우 아름답다[왼쪽].
잎이 다 떨어진 계절에도 섬세한 가지에서 정취가 느껴진다[오른쪽].

빛을 잘 투과하지 않는 상록수는 잎 표면에 빛을 비추는 것이 효과적이다.
사진은 동백나무에 조명을 비춘 모습. '빛을 받은 잎'에서 광택이 느껴진다.

푸른가막살나무처럼 잎이 큰 상록수에 아래에서 업 라이트로 비추려면 주
의가 필요하다. 조명이 잎의 뒷면만 비춰서 아름답게 보이지 않는다.

정원수의 아름다움을 돋보이게 하는 여백

나뭇잎의 밀도는 수목의 모습을 크게 좌우한다. 그 밀도에 따라 빛이 닿는 범위와 높이가 상당히 달라진다.

상록수인 올리브나무에 업 라이트로 조명을 비춘 예(→ P.22)를 보자. 스포트라이트를 수목의 밑동 근처에 설치하고 조명을 비추면 빛이 퍼지지 못하고 줄기 아래에서 멈춘다. 잎의 밀도가 높은 상록수를 비출 때는 스포트라이트의 위치를 나무에서 조금 떨어뜨린다. 수목의 표면에 빛을 쏜다는 느낌으로 조명을 비추면 전체가 밝아지고 올리브나무의 잎이 은색으로 빛난다.

잎이 밀집되어 있지 않은 낙엽수(→ P.23)는 밑동 근처에 스포트라이트를 설치해 조명을 비춘다. 수목의 내부에 빛을 담는 느낌이라고나 할까. 수목 전체가 부드러운 빛에 둘러싸여 좋은 분위기를 연출한다.

마지막으로 필요에 맞춰 나뭇잎의 밀도를 조정하는 테크닉을 알아두자. 바로 '가지치기'다. '가지치기'를 적당히 하면 수목에 여백이 생겨서 빛이 고루 닿는다.

△ **줄기를 비추는 바람에 빛이 멈췄다**

△ Before

○ After

Point

수목의 조명은 스포트라이트의 위치와 방향에 따라 표정이 달라진다. 나뭇잎의 밀도가 높은 수목은 스포트라이트를 조금 멀리 떨어뜨리면 전체에 빛이 닿아 효과적으로 수목을 밝힐 수 있다.

○ **조명을 멀리 떨어뜨려 나뭇잎에 빛을 쏜다**

업 라이트로 비춘 다간 수형의 당단풍 나무. 가지치기를 적당히 해서 수목 전체에 빛이 닿는다.

업 라이트 조명은 외벽의 바로 옆에

외관 조명의 대표적인 기구라고 하면 업 라이트일 것이다. 아래에서 위로 조명을 비추는 방식은 외관 조명의 상투적인 기법이다. 다만 잘못된 위치에 설치하면 조명 효과가 없다.

일반적으로 기구를 수목의 앞쪽에 설치해서 건물이나 울타리 쪽으로 비추면 수목의 커다란 그림자가 건물이나 울타리에 강하게 투영된다. 이것은 자연계에 존재하지 않는 부자연스러운 그림자다.

그러니 스포트라이트 위치를 수목과 건물 또는 울타리 사이로 이동시켜보자. 외벽에 투영되던 부자연스러운 그림자가 순식간에 사라지면서 정원수 본연의 수형(樹形)이 나타나고, 외벽도 아름답게 연출된다. 업 라이트는 외벽의 바로 옆에 설치하기 바란다.

△ 수목의 앞에서 비춘다

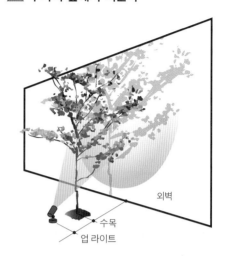

외벽과 가까운 위치에 심은 수목 앞에 스포트라이트를 설치하고 업 라이트로 비추면 외벽에 수목의 그림자가 생긴다. 정원수보다 큰 그림자가 외벽 전체를 뒤덮으므로 보기에 좋지 않을 수 있다.

○ 수목의 뒤에서 비춘다

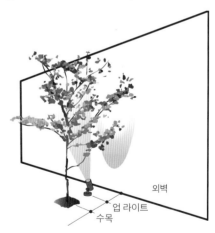

스포트라이트를 수목의 뒤쪽에 설치하면 외벽에 그림자가 생기지 않는다. 줄기나 잎이 시야에 또렷하게 들어오므로 밤의 경관이 더욱 아름다워 보인다.

의도적으로 만든 수목의 그림자가 비일상적인 아름다움을 연출한다(→ P.6·7).

수목의 매력을 이끌어내는 빛과 배경

업 라이트의 배광 각도를 생각해보자. 배광 각도는 수목이 보이는 모습을 크게 바꿔놓는다. 잎의 밀도가 낮고 가지가 광범위하게 펼쳐진 낙엽수 등에는 광각 배광(30~60°)을 추천한다. 수목 전체를 조명할 수 있다.

잎의 밀도가 높은 상록수나 키가 큰 나무의 잎을 끝부분까지 비추는 데는 협각 배광(10~20°)을 추천한다. 수목에 빛을 집중시켜서 끝부분까지 빛을 보낸다.

외벽의 색도 중요한 요소 가운데 하나다. 외벽을 검게 칠하면(어둡게 하면) 벽이 빛을 흡수하므로 암흑 속에서 수목의 선명한 초록색이 돋보이게 된다.

외벽을 희게 칠하면(밝게 하면) 벽이 빛을 반사해 불필요한 그림자와 빛이 생겨나 수목의 아름다움을 강조하기 힘들다. 수목의 매력만 강조하고 싶다면 외벽을 검게 칠하는 것도 한 방법이다.

외벽은 어두운색으로 칠한다. 빛을 흡수하는 어두운색은 외벽에 투영되는 수목의 그림자를 지워준다.

협각 배광(10°)의 업 라이트는 빛을 멀리까지 보낼 수 있지만, 퍼지지 않으므로 수목이 부분적으로만 밝아져서 명암 차가 강해진다.

광각 배광(60°)의 업 라이트는 빛이 수형 전체를 감싸므로 전체를 인식할 수 있다.

배광 각도 30˚의 스파이크식 스포트라이트로 쇠물푸레나무를 비춘 모습. 외벽을 어두운색으로 칠해 업 라이트로 비춰도 외벽에 수목의 그림자가 생기지 않는다.

수목의 약동감을 연출한다

마치 자를 대고 줄을 그은 것처럼 일직선으로 곧게 뻗은 수목. 줄기와 가지에서 약동감이 느껴지는 수목. 수목은 저마다 다양한 모습으로 자란다.

햇볕이 내리쬐는 방향을 향해서 성장하는 수목에는 앞뒤가 있으며, 보는 사람의 위치나 각도에 따라 모습이 조금씩 다르다. 뭐라 형용하기 어려운 수목의 풍모·기운·기울기를 '기세'라고 한다.

'기세'를 구성하는 것은 수목만이 아니다. 정원을 구성하는 온갖 재료, 외벽의 색, 돌의 배치 등과 상호 보완하면서 정원 전체의 '기세'를 이룬다. 수목의 조명은 이 '기세'를 의식해야 한다.

조명 기구로는 배광 각도가 좁은 스포트라이트를 고른다. 가지와 잎의 끝부분을 밝게 만들면서 적당한 음영을 표현할 수 있다.

햇볕이 내리쬐는 방향을 향해서 힘차게 뻗은 가지와 햇빛을 가득 받고자 활짝 펼친 나뭇잎. 그런 '기세'를 부분적으로 돋보이게 하는 빛에는 운치가 있다.

한낮의 풍경. 천창에서 들어온 햇빛이 공간을 빛으로 가득 채운다. 건축 공간에 음영은 있지만, 사철검은재나무와 새덕이나무를 빛이 감싸고 있다.

업 라이트로 기세를 연출한 모습. 줄기 근처에 스파이크식 스포트라이트(협각 배광)를 배치하고 가지의 끝부분을 향해 조명을 비췄다.

스포트라이트의 배광 각도는 의도적으로 협각을 선택한다. 수목의 끝부분에만 빛이 닿아서 '기세'를 강조할 수 있다.

'기세'를 의식해 수목의 끝부
분에 조명을 비추면 생명감 넘
치는 정원 풍경이 탄생한다.

지중등을 사용해 필요한 부분만 비춘다

"필요한 것은 '조명 기구'가 아니라 '빛'이다." 이 멋진 말을 조명 업계와 건축업계에서 종종 들을 수 있다. 나도 프레젠테이션할 때 이 말을 자주 사용한다. 외관 조명도 출폭의 크기라든지 조명의 높이 등을 궁리하다 보면 최종적으로는 '지중등(Ground Light)'이라는 결론에 도달한다. 지면에 묻는 방식이므로 조명 기구의 존재는 틀림없이 억제된다.

문제는 아름다운 '빛'을 연출할 수 있느냐다. 이 지중등은 생각지도 못한 장난을 종종 친다. (1) 건물의 외벽을 비출 생각이었는데 실제로는 건축물의 기초와 비흘림판만 비춘다. (2) 처마 밑면을 아름답게 비추려고 했는데 실제로는 현관 우편함을 비춰서 그림자가 주역이 되었다. (3) 벽은 제대로 비춘다. 빛도 아름답다. 그러나 지면의 타일 줄눈과 조명 기구의 위치가 비뚤어졌다.

조명 기구의 존재는 감추더라도 건물의 보이고 싶지 않은 부분까지 조명을 비춤으로써 조명 계획의 '허술함'을 드러내고 마는 것이다. 지중등은 빈틈이 보이지 않는 세련된 건축물과 잘 어울린다.

지중등으로 건축물의 기초와 비흘림판, 우수관을 비춘 사례. 보이고 싶지 않은 것이 강조되었다.

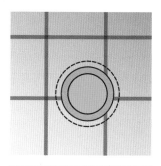

위／조명을 비추는 면(벽)만 지나치게 의식한 나머지 바닥의 타일 줄눈과 지중등의 위치가 비뚤어진 예. 시공이 번거로워지고 보기에 좋지 않다.
아래／현관 포치 조명의 실패 사례. 벽과 처마 밑면을 비출 생각이었지만, 조명을 계획할 때 의도하지 않았던 우편함의 그림자가 가장 도드라지고 말았다.

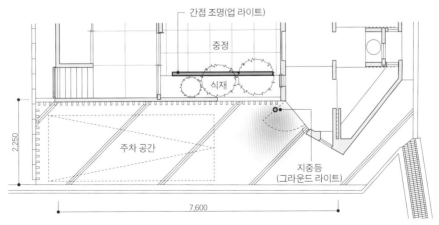

평면도[S = 1 : 100]

지중등 1개로 현관 어프로치(Approach) 전체를 비춘 예. 지중등을 현관문과 가까운 위치에 설치해서 손잡이와 열쇠 구멍이 잘 보이게 했고, 집광한 빛으로 처마 밑면·벽과 동화된 현관문을 조명했다. 바닥을 비흘림판의 높이까지 높여서 실패(→P.30)할 확률이 낮다.

빛을 이용해 아름답고 인상적인 어프로치를

사람은 시선의 앞쪽이 밝으면 '안심감'이 생겨나 앞으로 나아가고 싶어진다. 반면 시선의 앞쪽이 어두우면 '불안감'이 생겨나 앞으로 나아가기를 꺼리게 된다. 사람은 어두운 곳에서 밝은 곳으로 이끌린다.

이 같은 인간의 심리 효과를 계산에 넣으면 더욱 인상적인 현관 어프로치 조명을 계획할 수 있다. '사람을 끌어들이는 빛'이나 '공간을 입체적으로 부각시키는 빛'을 구사해 아름답고 인상적인 어프로치를 만든다.

[사진 : 이시이 노리히사]

안쪽의 풍경은 어둠의 길이와 개구부의 크기에 비례해 드라마틱해진다

(안쪽)

어두움

안쪽의 풍경을 돋보이게 하고 싶다면 용기를 내서 '어두움'을 만든다

사람을 유혹하는 '사바나 효과'

현관의 긴 어프로치에 의도적으로 어둠을 만든다. 단, 시선과 동선의 끝에는 밝은 빛과 풍경을 확보한다. 이 명암 대비가 클수록 '안심감'을 넘어서 '강한 인상'을 주는 풍경이 만들어진다. 이 명암 대비에 따른 심리 행동은 '어두운 숲에서 사바나(초원)로 달려 나간다'라는 비유에서 '사바나 효과'라고 이름 지어졌다. 어둠이 조연이 되어서 시선의 앞에 있는 정원을 돋보이게 하는 것이다. 외관 조명에서는 긍정되지 않는 '어두움'을 의도적으로 만들면 나무를 비춘 안쪽의 스포트라이트가 한 줄기 빛이 된다. 현관 어프로치의 연출에서도 '주인공'을 부각하려면 '조연'이 필요하다.

[사진 : 도미타 에이지]

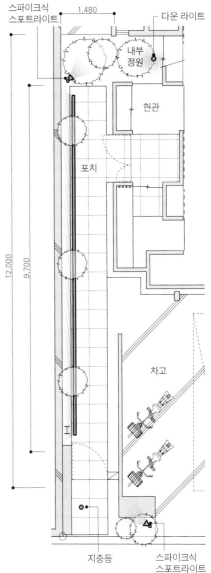

평면도[S = 1 : 100]

길이가 약 12m에 이르는 긴 어프로치에
설치한 업 라이트 간접 조명

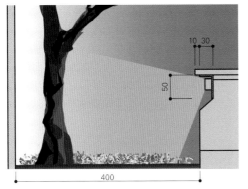

콘크리트의 수직 측면에 콤팩트한 LED 라인 조명을 설치해
지피식물(Ground Cover), 수목, 울타리를 비춘다

'원근법'을 활용한 공간 연출

건물의 외벽과 울타리 때문에 시야가 좁아져 '길이'를 느
끼게 하는 어프로치. 노면 한쪽에 라인 조명을 설치했
다. 낮에는 조명의 존재를 지우고, 밤에는 발밑에서 빛
의 그라데이션이 펼쳐진다. 간접광으로 나무를 비추면
서, 반사된 빛을 외벽과 처마 밑면이 받아들인다. 안쪽
을 향해서 뻗는 직선적인 빛은 투시도(Perspective)의
선을 그리듯이 공간을 입체적으로 만든다. 회화 기법인
'원근법'을 조명 계획에 활용해 안쪽을 연출한다. 그 빛
은 어프로치에 아름다움과 안심감을 주는 동시에 목적
지를 나타내는 이정표가 되어준다.

부등변삼각형이라는 미의식

수목의 배치에는 부등변삼각형이라는 암묵의 규칙이 있다. 동종의 수목을 똑같은 간격으로 나열하지 않고 종류·높이·배치에 변화를 줘서 의도적으로 불균일하게 만든다는 규칙이다. 작위적인 느낌을 배제하는 것이다.

정원의 조명도 여기에 맞추는 것이 자연스러워 부등변삼각형을 의식하고 있다. 외관도에서 불균질한 삼각형을 그리듯이 조명 기구를 배치해 수목이나 외관 부재료를 비춘다. 조명의 종류와 배광을 필요에 맞게 사용해서 빛의 포지션에 고저 차를 만들어 나간다. 공간 연출과 안전성을 확보하는 동시에 밤의 정원에 원근감·입체감·안정감을 만들어낸다. 이때 꼭짓점마다 조명 기구의 종류나 조명을 비출 수목의 종류를 바꾸면 적당한 불균일성이 연출되어 밤의 정원이 더욱 아름다운 정취를 자아낸다.

높이나 형태가 다른 다양한 수목으로 구성된 외관.

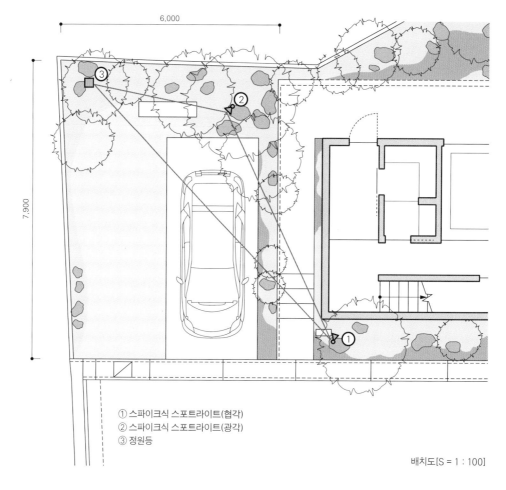

6,000

7,900

① 스파이크식 스포트라이트(협각)
② 스파이크식 스포트라이트(광각)
③ 정원등

배치도[S = 1 : 100]

위 ⁄ 정원등과 스포트라이트를 조합한 조명 계획. 스포트라이트의 빛이 수목 위쪽의 잎을 비추므로 외관 전체에 입체감이 생겨나 표정이 색생하게 느껴진다.

아래 ⁄ 정원등만으로 계획된 외관 조명. 빛의 리듬이 단조로워 야간의 연출로서 매력이 떨어진다.

Column

그림자는 빛의 뒤쪽에 있다

일본의 전통 예능인 노(能)에 쓰이는 가면. 그 가면 가운데 하나인 '온나멘(女面)'은 가면 하나로 희로애락을 표현할 수 있다.

아래에서 위로 빛을 비추는 것을 조명 용어로 '업 라이트'라고 한다. 그러나 지평선(수평선) 아래로 가라앉은 태양의 빛(자연광)으로는 사람의 얼굴을 아래에서 비추지 못한다.

자연계에서는 볼 수 없는, 아래에서 위로 비춘 빛을 받은 '온나멘'의 표정. 보는 사람에게 불안감과 공포 같은 인상을 줬을 것이다. 원인은 아래에서 위로 뻗는 '그림자'에 있다. 빛이 만드는 그림자의 방향이 일상에서 보는 것과는 정반대이기 때문이다. 반면 자연계에서는 볼 수 없는, 아래에서 위로 비추는 빛이어서 가능한 비일상적인 연출이나 인상적인 효과를 얻을 수 있다. 조명 디자이너가 하는 일은 빛을 조종하는 '광원'을 만드는 것이다. 달리 표현하면 빛의 뒤쪽에 있는 '아름다운 그림자'를 만드는 것이기도 하다.

【아래에서 빛을 받아 위쪽으로 그림자가 생긴 모습】　　　【정면에서 확산광을 받은 모습】

2

정원

Garden

정원수는 '자연스러운 달빛'으로 비춘다

나는 정원수와 조명의 관계에 대한 철학이 있다. 도달한 답은 지극히 단순하다. 정원수는 자연스러운 빛으로 비출 때 가장 아름답다는 것이다.

밤의 빛이라고 하면 달빛이다. 위에서 아래로 빛을 비추는 것이 자연스러운 형태다. 그런데 정원의 조명은 대개 아래에서 위로 빛을 비춘다. 조명 기구를 주로 지면에 설치하는 데서 비롯되었는데 빛의 방향이 상하 반전된다. 물론 그림자의 방향도 반전된다. 눈에 보이는 모습이 '자연스럽지' 않고 '부자연스러운' 것이다.

위에서 아래로 빛을 비추려면 건물의 외벽에 스포트라이트를 부착하는 방법을 선택해야 한다. 다만 외관 공사를 시작한 뒤에는 외벽에 조명 기구를 부착할 수 없다. 건물의 설계 단계에서 정원의 조명을 생각한 다음 외벽의 가장 적합한 위치에 스포트라이트를 부착한다.

정원의 조명을 먼저 생각해야 할까 나중에 생각해야 할까. 빛과 그림자의 방향은 정원의 야경을 극적으로 탈바꿈시킨다. 자연스럽고 아름다운 야경은 과연 어느 쪽일까. 답은 굳이 말할 필요가 없을 것이다.

△ '아래에서 위로' 비추는 빛

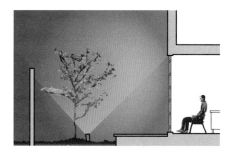

스포트라이트 등을 사용해 아래에서 위로 조명을 비추면 어둠 속에서 수목의 모습이 부각된다. 단, 수목 외에 공기와 벽 일부만 비추므로 밝은 느낌이 들지 않는다. 문턱이 없는 창이라면 지면의 스포트라이트가 실내에서 보인다는 것도 곤란한 점이다.

○ '위에서 아래로' 비추는 빛

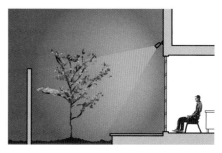

높은 곳에 스포트라이트를 설치하고 위에서 아래로 조명을 비추면 수목 전체와 지피식물, 정원석·모래를 또렷하게 볼 수 있어 밝은 느낌을 효과적으로 연출할 수 있다. 또한 실내에서 광원이 보이지 않아 사람의 시선을 정원에 집중시킬 수 있다.

정원의 조명은 높은 곳에

정원의 조명을 생각할 때 조명 기구를 가급적 높은 위치에 설치한다는 의식이 있어야 한다. 실제로 2층의 외벽 상부에 스포트라이트를 설치하기도 한다. 이유는 조명이 달빛처럼 위에서 아래로 자연스럽게 비추도록 하기 위함이며, 스포트라이트의 모습이 실내에서 그대로 보이지 않도록 하기 위함이다. 설치 위치가 낮으면 스포트라이트가 지나치게 기울어져서 마치 석양처럼 눈으로 곧바로 들어와 눈부심이 발생한다. 길게 드리운 그림자가 발밑에 나타나 연출을 방해한다는 문제점도 있다.

스포트라이트를 높은 위치에 설치할 때 주의할 점은 3가지다. ⑴ 이웃에 눈부심으로 인한 불쾌감을 주지 않도록 위치를 고려한다. 눈부심을 억제한 조명 기구나 차광 후드의 장착을 검토한다. ⑵ 건물의 외관을 해치지 않는 장소에 설치한다. ⑶ 조정이나 유지 보수가 쉬운 장소에 설치한다.

조명 기구로 스포트라이트를 꼭 고집할 필요는 없다. 처마가 있다면 글레어리스 다운 라이트를 선택하는 것도 한 방법이다. 기구의 존재감을 억제해 건물 외관의 아름다움을 망가뜨리지 않는다(→ P42·43).

위／스포트라이트를 너무 낮게 설치하면 그림자가 부자연스럽게 뻗어서 부드러운 달빛 같은 분위기를 표현하지 못한다.
아래／창문 너머로 광원이 보인다.

스포트라이트는 가급적 높은 위치에

△ 낮은 위치

1층 창문의 상부에 스포트라이트를 설치한 예. 키가 큰 나무의 줄기·가지·잎에 빛이 충분히 닿지 않는다. 조명을 비추는 범위도 좁아진다.

○ 높은 위치

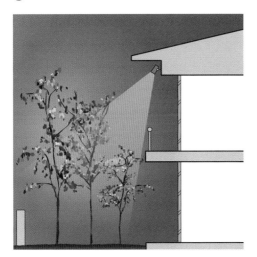

2층 처마 끝에 스포트라이트를 설치한 예. 키가 큰 나무의 줄기·가지·잎에 빛이 충분히 닿는다. 조명을 비추는 범위가 넓고, 지면의 밝기도 확보되었다.

처마 밑면을 이용해 높은 곳에서 글레어리스 다운 라이트로 조명을 비춘다

거실과 연결되어 있는 중정. 달빛을 연상시키는 자연스러운 빛이 정원을 아름답게 비추고 있다.

키가 큰 당단풍나무를 위에서 비춘다. 빛이 수목 전체를 비추므로 어떤 위치에서 보더라도 풍경이 아름답다.

고출력의 글레어리스 다운 라이트를 이용해 키가 6m 가까이 되는 당단풍나무에 비춘 예. 낙엽수인데다 잎이 얇고 가지치기도 했더니 위에서 내려오는 빛이 나무를 통과해 지면까지 닿는다. 수목 전체가 부드러운 빛을 받아서 아름답다. 글레어리스 다운 라이트여서 올려다봤을 때 광원이 눈에 들어오더라도 눈부심이 거의 느껴지지 않는다. 처마 밑면에 설치한 다운 라이트는 창문이 높은데도 실내에서 광원이 보이지 않는다.

조명으로 코트 하우스를 더욱 아늑하게

코트 하우스는 건축 양식 가운데 하나로, 건물이나 울타리로 둘러싸인 중정을 보유한 건물을 가리킨다. 많은 벽으로 둘러싸여 있어서 빛을 받는 면이 많으므로 조명 설계를 자유롭게 할 수 있다. 중정은 외부와 차단되어 있어 이웃에 폐를 끼칠 일이 없다.

코트 하우스는 특히 2층의 높은 곳에 스포트라이트를 설치한다. 지면까지의 거리가 있으므로 빛이 강한 조명 기구를 선택하는 것을 추천한다. 단, 벽면에 진한 그림자가 생기는 것을 막을 필요는 있다. 수목과 간섭하지 않는 벽에 빛을 쏘아서 그림자 없이 밝은 환경을 확보한 예(→ P.44, 위)와 수목의 그림자가 벽면에 진하게 나타난 예(→ P.44, 아래)를 통해 비교해볼 수 있다. 그림자가 강조되면 수목은 돋보이지 않는다. 진한 그림자가 생기지 않도록 현장에서 스포트라이트의 방향을 조정한다.

스포트라이트를 사용해서 쇠물푸레나무와 당단풍나무에 조명을 비춘 예(→ P.45)를 보면 둘 다 잎이 얇은 낙엽수이므로 높은 곳에서 조명을 비추면 빛이 잎을 투과하면서 부드럽게 확산된다. 이 정경이 참 아름답다.

조명 기구는 높은 곳에 설치하는 것이 바람직하지만, 유지 보수나 빛이 이웃집으로 새어 나갈 우려 등을 고려해 설치 위치를 설정한다.

위／수목과 간섭하지 않는 외벽에 빛을 쏘면 수목의 그림자가 생기지 않는다. **아래**／벽면에 수목의 그림자가 너무 진하면 조명을 비춘 수목이 돋보이지 않는다.

석벽으로 둘러싸인 중정을 보유한 코트 하우스. 2층 외벽(발코니)의 한구석에 광선속의 값이 큰 스포트라이트를 2대 설치해 벽·수목·지면을 비추었더니 실내에서 바라보는 정원이 더욱 아름답다. 위에서 내려오는 빛은 낙엽수 잎을 투과해 벽이나 지면에 부드러운 나뭇잎 그림자와 빛을 내린다.

정원과 실내를 연결하는 중간 영역의 빛

일본이나 한국 전통 건축의 특징인 긴 '처마'는 햇볕과 비, 바람의 흐름 등 기후에 맞춰서 발전해왔다. 처마 밑은 실내외를 연결하는 중간 영역이자 완충 공간으로, 예전에는 '툇마루'로 불렸다.

최근에는 '아웃도어 리빙' 같은 표현을 쓰고 있으며, 실내외를 불문하고 공간을 넓게 활용할 수 있는 처마 밑의 장점이 재조명되고 있다. 그런데 중간 영역은 밤이면 실외의 어둠이 짙어 삼켜서 실내와 '분리'되고 만다. 낮처럼 밝고 '연결' 공간으로 활용하려면 빛이 필요하다는 말이다. 밤의 중간 영역은 실내를 '근경', 처마 밑을 '중경', 외부 구조물과 정원을 '원경'으로서 낮과 똑같이 생각할 필요가 있다. 이 세 영역에 조명을 밝힌다.

근경과 중경은 밝기와 빛의 질을 맞추면 실내외가 연결되어 일체감이 생겨난다. 원경은 스포트라이트 등을 활용하면 정원수 등의 풍경을 끌어들여 연속감을 한층 높일 수 있다.

건물과 외부의 경계를 모호하게 만드는 조명 계획은 일본, 한국의 건축이나 문화와도 상성이 좋다.

테라스에 설치한 아웃도어 리빙에 조명을 비춤으로써 실내외를 포함한 공간 전체에 일체감을 만들어냈다.

19세기 후반에서 20세기 초에 지어진 다실풍의 건축물 '와룡산장 와룡원'. 커다란 처마와 툇마루가 중간 영역이 되어서 녹색으로 가득한 정원과 실내를 연결한다.

[사진 : 고노 다쓰로]

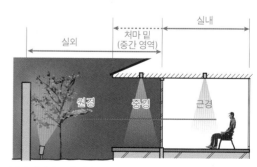

중간 영역의 조명 계획은 실내와 빛의 질을 일치시키는 것이 중요하다. 통일된 빛이 실내외의 영역을 연결하여 공간에 일체감을 가져다주는 동시에 시선을 자연스럽게 근경~중경~원경으로 유도한다.

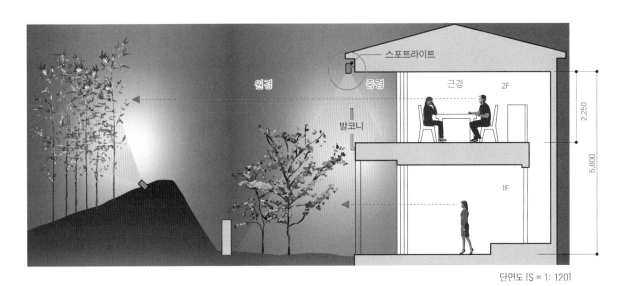

처마 끝에 설치한 스포트라이트의 빛을 이용해 발코니의 밝기를 확보한 조명 계획. 중간 영역(발코니)을 비춤으로써 실내외의 연속성을 높여 공간을 더욱 넓어 보이게 하고, 시선을 그 너머에 있는 경치로 자연스럽게 유도한다.

중간 영역에 그려내는 아름다운 빛과 그림자

실내와 실외를 연결하는 중간의 영역은 완충 공간이다. 어둠과 의 경계이기도 하다.

그 중간 영역의 조명은 실내외를 연결한다는 점에서 효과적이 지만, 특별한 사정이 없는 이상 실내만큼 밝을 필요는 없다. 중간 영역의 매력을 효과적으로 끌어내려면 빛과 그림자를 능숙 하게 활용할 필요가 있다.

본래 중간 영역은 바닥(덱이나 타일)과 처마 밑면으로 구성된 공간이다. 단순히 처마 밑면에서 바닥으로 빛을 비추는 것만으로 는 육안상 밝게 느껴지지 않는다. 시야에 빛을 받는 대상물이 존재하지 않아서다. 그러므로 의자나 화분 등 '높이'가 있는 물건들을 의도적으로 놓을 것을 추천한다. 그 물건들이 빛을 받아 서 공간이 밝아 보이고 그림자를 만들어 공간에 음영이 생긴다.

물건이 빛을 받아서 반사한다. 물건이 어둠 속에서 존재를 알린 다. 집중된 빛은 아름다운 음영을 만들고 산란된 빛은 아름다운 명암을 연출한다. 어둠과 이웃하는 중간 영역에는 즐거움을 주 는 풍경이 있다.

조명이 중간 영역의 의자와 테이블을 비춘다. 가구가 빛을 받아 공간에 깊이와 입체감이 생겨난다.

[사진 : 고노 다쓰로]

숲속의 산길. 나뭇잎 사이로 새어 나온 햇살이 만드는 빛과 그림자의 부드 러운 대비, 그리고 지면에 비치는 빛이 참 인상적이다.

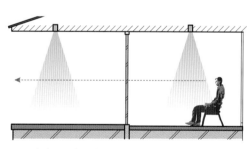

공중의 빛은 눈에 보이지 않는다.

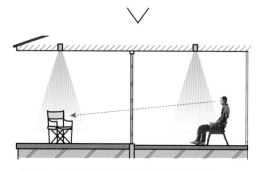

빛을 받는 물건이 있어야 비로소 빛을 인식할 수 있다.

거치형 스포트라이트로 화분의 휘카스 움베르타를 비췄다. 아래에서 위로 향하는 빛은 비일상적인 느낌을 더욱 강하게 만든다.

처마 밑면에 설치한 유니버설 다운 라이트로 화분에 음영을 만든다. 빛 속에 나타난 그림자가 인상적이다.

중간 영역의 바닥에 빛이 닿지 않게 함으로써 시선을 원경으로 유도해 안쪽에 있는 정원의 풍경을 부각시켰다(→P.90).

수경(水鏡)에 정원의 풍경을 투영한다

수면의 모습이 비치는 현상을 '수경'이라고 한다. 수면을 가까이서 정면으로 들여다보면 거울처럼 자신의 얼굴이 비친다. 한편 멀리 떨어져서 수면을 바라보면 얼굴은 보이지 않고 물의 맞은편에 있는 대상물이 위아래가 반전되어 비친다.

이 '수경'의 풍경을 밤의 정원에 만들어낸다. 포인트는 조명을 수면이 아니라 수면에 비치도록 하고 싶은 대상에만 비추는 것이다. 수반 근처에 있는 수목을 스파이크식 스포트라이트로 비추면 좋다. '수경'에 수목이 비치도록 하고 싶으면 배광 각도를 광각으로 해서 수목 전체가 빛을 고루 받게 한다. 조명을 비추는 면적이 넓을수록 수면에 광범위하게 비쳐서 더욱 환상적이다.

수경은 매우 섬세한 풍경이다. 수면에 강한 빛을 비추면 반사가 일어나 사라지고, 바람에 수면이 흔들리면 일그러지고 만다.

물과 빛은 상성이 좋다. 맑고 잔잔한 수면은 거울과 같다. 수경에 비친 나무를 바라보는 즐거움. 매일 바라봐도 질리지 않는 풍경이 탄생한다.

[사진 : Useless Landscape]

11세기에 건립된 '평등원 봉황당'. 건물이 연못 안의 인공 섬에 있어서 수면에 비친 아름다운 모습을 즐길 수 있다. 조명을 받은 밤의 수경은 그야말로 장관이며, 가을에는 단풍이 든 수목과 함께 환상적인 세계를 만든다.

빛이 수면에 닿으면 모습이 비치지 않게 된다

스포트라이트와 정원등으로 수목과 지피식물을 광범위하게 비춘다

수면에 강한 빛이 닿으면 수경은 사라진다.

폭 2,100㎜의 수반과 인접하도록
화단을 만들고, 지면에 설치한 스
포트라이트로 수목을 비췄다. 수
면에 비친 다간 수형 특유의 섬세
한 라인이 참 아름답다.

[사진 : 히라바야시 가쓰미]

수면의 일렁임을 즐긴다

바람 등에 일렁이는 수면에 빛이 닿으면, 반사된 빛이 처마 밑면에 수면의 일렁임을 비춘다.

수면의 일렁임을 연출하는 것은 섬세한 일이고 어렵다. 정지한 수면에 강한 빛을 비춘들 일렁임은 생기지 않는다. 지정한 장소에 일렁임을 만들려면 빛을 쏘는 각도가 중요하다.

맑은 날의 강한 햇살은 집광되는 빛이다. 반사된 빛과 그림자를 쉽게 만들어낸다. 구름 낀 날의 약한 햇살은 확산되는 빛이다. 직사광선이 없어 반사는 기대할 수 없다.

밤에 빛과 그림자의 일렁임을 만들 때 수면을 비추는 조명 기구는 가급적 강하게 빛을 집광하는 유형이 좋다. 실내에서 볼 때는 방의 밝기를 상당히 낮춰야 한다. 당연한 말이지만 조광기가 필요하다. 일렁임은 매우 섬세한 풍경이다.

[출처 : 일본 내각부 영빈관 웹사이트]

천장면과 창문 너머의 정원이 인상적인 '영빈관 아카사카 이궁 일본풍 별관'. 건물 앞에 있는 연못에 햇볕이 내리쬐면 복도의 천장에 수면의 일렁임이 투영된다.

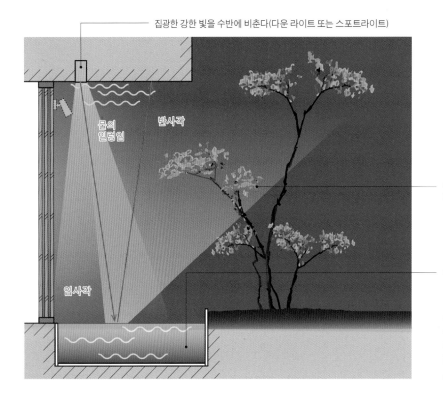

집광한 강한 빛을 수반에 비춘다(다운 라이트 또는 스포트라이트)

물의 일렁임

반사각

입사각

수면에 반사된 빛으로 수목의 잎을 어렴풋이 비춘다

수반(일렁이고 있을 것이 전제 조건)

유니버설 다운 라이트로 집광한 강한 빛을 수반에 비춰서 그 반사광을 처마 밑면에 투영시킨다. 투영하는 면은 짙은 색보다 옅은 색인 편이 일렁임을 더욱 효과적으로 연출할 수 있다.

[사진 : 히라바야시 가쓰미]

자동차의 실루엣을 돋보이게 하는 빛

'얼굴' '윤곽' '광택'을 매력적으로. 사람이 아니라 자동차를 조명할 때의 포인트다.

자동차에는 얼굴이 있다. 전조등과 미등에 LED를 쓰게 되면서 얼굴 디자인이 다양해졌다. 전조등에 집광한 빛을 비춰서 자동차의 눈매를 강조한다. 조명 기구는 자동차의 양 측면에 배치한다. 보닛 바로 위에 조명 기구가 있으면 눈매를 효과적으로 비추지 못한다.

자동차에는 윤곽이 있다. 날렵한 유선형이나 중후한 각형 등 다양해지고 있다. 자동차 뒷면의 벽을 간접 조명으로 비춘다. 자동차를 역광 상태로 만들면 그림자를 통해 윤곽이 나타난다.

자동차에는 광택이 있다. 조명 기구나 그 빛을 의도적으로 자동차의 보디에 되비치게 한다. 되비친 조명 기구나 빛은 자동차에 광택과 빛을 부여한다. '얼굴' '윤곽' '광택'의 연출이 자동차의 아름다움을 더욱 부각시킨다.

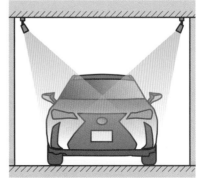

스포트라이트는 보닛 바로 위가 아니라 양 측면이 기본. 배광 각도는 집광형 기구를 쓴다.

수반과 화단을 사이에 두고 거실과 마주한 차고. 자동차의 뒤쪽 벽을 코니스 조명(Cornice Lighting)으로 비춰 자동차의 실루엣을 강조함으로써 시선을 실내 차고로 유도한다. 아울러 양 측면에 설치한 스포트라이트가 전조등을 비추고 있다.

[사진 : 히라바야시 가쓰미]

뒤쪽 벽을 간접 조명(코니스 조명)으로 평탄하게 비춰서 자동차의 실루엣을 강조한다. 동시에 간접광이 자동차의 보디에 비쳐 광택과 반짝임을 부여한다.

정원수의 조명 도감

쇠물푸레나무

【분류】물푸레나뭇과 / 낙엽 고목

아래에서 위로 비추는 조명

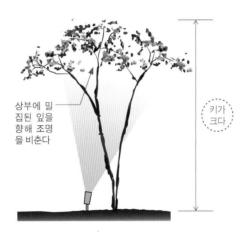

상부에 밀집된 잎을 향해 조명을 비춘다

키가 크다

Lighting Point

키가 크므로 배광 각도 20° 정도의 조명 기구를 사용해 상부에 모여 있는 잎을 비춘다. 광속(光束)은 400lm 이상이 바람직하다. 중각 배광의 스포트라이트로 비추면 상부의 잎에 빛이 닿아서 수목 전체를 아름답게 연출할 수 있다. 빛을 상부까지 보내지 못하는 정원등과는 상성이 좋지 않다.

여름

중각 배광의 스포트라이트로 비추면 상부의 잎에 빛이 닿아서 수목 전체를 아름답게 연출할 수 있다.

겨울

섬세한 다간 수형은 잎이 떨어진 뒤에도 운치 있다.

야구 배트에 사용되는 나무. 성장이 느리고 수형이 제멋대로 자라는 일이 적어 키우기 쉽다. 잎이 작고 얇으며 밀도가 낮아서 수목 전체에 빛이 고루 닿으므로 조명과 상성이 좋다. 특히 봄에는 흰 꽃이 피어 아름답다. 섬세한 다간 수형이어서 잎이 전부 떨어진 겨울의 모습도 운치가 있어 사계절 내내 풍경을 즐길 수 있다.

위에서 아래로 비추는 조명

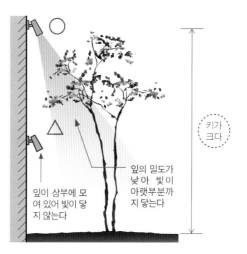

키가
크다

잎의 밀도가
낮아 빛이
아랫부분까
지 닿는다

잎이 상부에 모
여 있어 빛이 닿
지 않는다

Lighting Point

스포트라이트를 2층의 높은 곳에 설치한다. 광속은 1,000 lm 이상이 기준. 배광 각도는 협각·광각 어느 쪽이어도 상관없지만, 잎을 보여주고 싶다면 광각을, 지면을 밝게 하고 싶다면 협각을 선택한다.

잎이 얇아서 빛이 통과하며, 잎에 난반사된 빛이 간접 조명의 역할을 해 정원 전체에 부드럽게 퍼진다.

산딸나무

【분류】층층나뭇과 / 낙엽 고목

아래에서 위로 비추는 조명

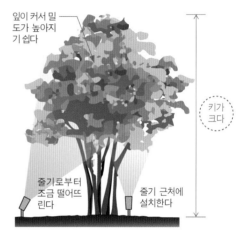

잎이 커서 밀도가 높아지기 쉽다

키가 크다

줄기로부터 조금 떨어뜨린다

줄기 근처에 설치한다

Lighting Point

잎이 큰 탓에 밀도가 높아지기 쉬워 수목 전체에 빛이 고루 닿지 않는다. 협각·중각 배광으로 밀집된 잎에 빛을 내포시킨다. 광속은 나무가 작으면 300~500*lm*, 나무가 크면 800*lm*이 기준.

줄기로부터 조금 떨어진 곳에서 비춘다

큰 잎의 뒷면이 강조되어 그다지 예쁘지 않다. 외벽에도 그림자가 생긴다.

줄기 근처에서 비춘다

그림자가 생기지 않도록 줄기 근처에 스포트라이트를 설치한다. 협각 배광으로 줄기와 잎에 빛을 집중시켰다.

흰 꽃이 위를 향해 피므로 높은 곳에서 스포트라이트로 비춘다. 위에서 내려다보는 모습이 아름다워 2층 거실과 상성이 좋은 수목. 잎이 둥글고 커서 뒷면보다 표면을 비춰야 아름답다. 조명의 효과가 극대화되는 시기는 봄과 여름이다.

위에서 아래로 비추는 조명

2층에서 바라보면 아름답다

○ 잎과 꽃을 부드럽게 비춘다

△ 잎과 꽃에 빛이 닿지 않는다

Lighting Point

높은 곳에서 협각보다 광각의 빛으로 부드럽게 비추는 것이 포인트. 광속은 1,000*lm* 이상이 기준. 높은 위치에서 수목 전체를 비춤으로써 밀집된 잎 전체에 빛이 닿게 한다.

초여름에는 상부에 흰 꽃이 핀다. 2층에서 보이는 모습이 아름답다.

상부에서 비추는 빛을 잎 전체가 받아 빛나고 있다.

단풍철쭉

【분류】진달랫과 / 낙엽 중목

아래에서 위로 비추는 조명

정원등이 좋다

Lighting Point

낮은 위치에 잎이 있어서 조명 기구와 거리가 가까워
지므로 부드러운 빛으로 비춘다. 확산광인 정원등이
나 광각 배광(30~60° 기준)의 스포트라이트와 상성이
좋다. 집광한 강한 빛은 상성이 나쁘다.

△ 스포트라이트(협각)

낮은 위치의 빛이 너무 강해 명암 차가 생긴다.

○ 정원등

수목 전체를 부드러운 빛으로 감싼다.

아래를 향해 항아리 모양의 사랑스러운 꽃이 핀다. 주로 생울타리로 쓰이지만 상징목으로도 1년 내내 충분히 즐길 수 있다. 봄에는 항아리 모양의 흰 꽃이 피고, 여름에는 작은 마름모꼴의 잎이 신록의 계절을 장식한다. 압권은 가을로, 진홍색 잎이 정원 안에서 존재감을 내뿜는다. 낙엽이 진 뒤의 수형도 빨간 꽃봉오리도 아름답다.

위에서 아래로 비추는 조명

Lighting Point

키가 그다지 크지 않고 가지가 옆으로 퍼져서 자라므로, 광각 배광의 조명 기구를 선택한다. 출력은 250~600lm이 기준. 계절마다 개성 있는 표정을 보여주므로 사계절 내내 조명을 받은 모습을 즐길 수 있다.

협각이든 광각이든 아름답다

잎이 예쁘므로 광각으로 확실하게

낮은 위치에도 조명을 설치해 잎을 비춘다

봄

여름

가을

푸른가막살

【분류】인동과 / 상록 저목

아래에서 위로 비추는 조명

Lighting Point

잎이 크고 두꺼워 업 라이트를 사용하면 빛이 나무 전체에 고루 닿지 않고 뒷면만 비추게 된다. 건물 외벽이 가까이에 있으면 의도치 않게 그림자가 벽을 뒤덮으므로 주의해야 한다. 정원등 같은 부드러운 확산광으로 그림자를 줄이는 등의 궁리가 필요하다.

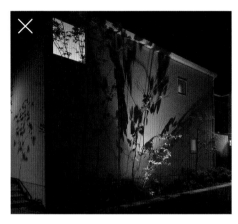

크고 넓은 그림자가 건물의 외관을 뒤덮는다.

부드러운 확산광의 정원등을 사용해 그림자를 줄인다.

강한 빛의 업 라이트라면 외벽에 그림자가 투영된다.

크고 '광택이 나는 잎'이 매력적인 상록수. 봄에는 마치 별을 아로새긴 듯이 꽃이 피고 가을에는 새빨간 열매를 맺는 등 푸른가막살을 통해 사계의 변화를 느낄 수 있다. 잎이 두꺼워서 빛이 거의 투과되지 않으며 그림자가 발생하기 쉽다. 업라이트와 상성이 좋지 않다. 푸른가막살 같은 조엽수는 '위에서 아래로' 조명을 비추면 잎에 광택이 생기며 아름답게 반짝인다.

위에서 아래로 비추는 조명

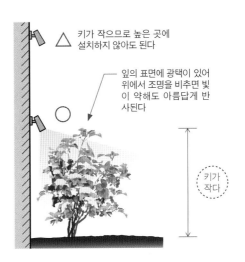

△ 키가 작으므로 높은 곳에 설치하지 않아도 된다

잎의 표면에 광택이 있어 위에서 조명을 비추면 빛이 약해도 아름답게 반사된다

키가 작다

Lighting Point

비교적 키가 작은 나무이므로 조명을 높은 곳에 설치할 필요는 없다. 스포트라이트는 1층 창문 위 정도의 높이에 설치한다. 잎의 표면에 광택이 있어서 빛을 예쁘게 반사한다. 반대로 잎의 뒷면에는 광택이 없어 위에서 아래로 조명을 비춰야 '조엽수'로서의 매력을 끌어낼 수 있다. 광각의 부드러운 빛이 좋다.

외벽에 그림자가 생기지 않아 잎과 줄기가 강조된다.

위에서 비춘 빛을 받아 잎이 윤기 있게 빛난다.

낮은 창으로 연출한 빛의 정원

'미쓰이 가든호텔 교토 신마치 별장'의 중정. 세로 방향으로 뻗은 철제 루버(Louver)와 수평 방향으로 시선을 유도하는 낮은 창을 조합시킨 커다란 개구부가 인상적인 공간이다. 일본의 전통 양식을 표현한 아름다운 중정이기도 하다.

루버는 사람이 보는 위치에 따라 시선을 차단한다. 그런데 이 중정은 정면에서 바라보면 시선이 차단되는 부분이 거의 없다. 그래서 중정을 비추는 조명 기구를 안일하게 설치하면 트릭이 빤히 들여다보이는 마술처럼 아무런 즐거움도 주지 못하게 된다. 그래서는 곤란하다.

궁리 끝에 유지 보수까지 고려해 시선에 들어오지 않는 벽의 높은 위치에 스포트라이트를 설치했다. 낮은 창을 통해서 보이는 바닥면에 떨어지는 조명이 마치 달빛처럼 중정을 아름답게 연출한다.

[사진 : 나카사 앤 파트너스]

3

되비침

Reflection

옅은 조명 속에서 보이는 풍경

아름다운 주택에는 바라보고 싶어지는 창문 너머의 풍경이 있다. 낮이든 밤이든 마찬가지다. '창문 너머로 보이는 밤의 경치를 아름답게'라는 마음으로 조명 계획을 하고 있다. 낮에 햇빛을 실내로 끌어들이고자 커튼을 열어젖히듯이, 바라보고 싶어지는 야경이 있으면 커튼을 젖힐 것이다.

그러나 실내조명을 평소 밝기로 하면 밤의 창은 '거울'이 된다. 정원은 보이지 않고 창유리에 자신의 모습이 나타난다. 이것을 '되비침'이라고 한다. 유리는 완전히 투명한 물체가 아니라 표면에서 빛을 반사하므로 주위의 물건이나 사람의 모습이 비친다. 벽 전체가 창이라면 피트니스센터처럼 벽 전체에 거울을 붙인 공간이 된다. 그런 공간에서는 아늑함이 느껴지지 않는다.

그래서 방의 밝기를 '옅게' 조절하고 정원수에 조명을 비춘다. 그러면 거울이었던 유리창이 다시 투명에 가까워지며 창문 너머로 나무의 풍경을 보여준다.

조명을 밝게 하면 무엇이든지 보인다. 밝은 조명은 밤에 꼭 필요한 조건이다. 그러나 방을 어둡게 했을 때 보이는 아름다운 경치와 풍요로운 시간도 있음을 잊지 말자.

⚠ 실내의 되비침 때문에 정원이 안 보인다

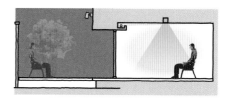

실외의 밝기 < 실내의 밝기

창가의 간접 조명(코브 조명)을 100%의 밝기로 켜고, 정원의 스포트라이트는 끈다. 창유리에 실내의 모습(벽·반대쪽 창·가구·조명)이 모두 되비치므로 정원과 식재가 아름답게 보이지 않는다.

◯ 조명을 조절해 실내외를 연결한다

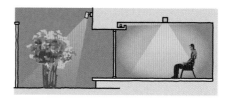

실외의 밝기 ≧ 실내의 밝기

조광기로 간접 조명의 명도를 낮추고 정원의 스포트라이트를 켠다. 창유리에 되비치는 현상이 거의 해소되어 정원과 식재가 또렷이 보이게 된다.

┌─ Point ─────────────────────────────
│ (1) 유리는 양면성을 지닌다. 낮에는 '투명', 밤에는 '거울'.
│ (2) 조광기로 실내의 밝기를 낮춘다.
│ (3) 창밖의 수목에 조명을 비춘다.
└──────────────────────────────────────

흰색은 되비치고, 검은색은 되비치지 않는다

최근 들어 주택의 내장(內裝)도 어두운색 계통이 유행하고 있다. 빛을 흡수하는 색을 잔뜩 사용한 내장을 희망하면서 "실내가 밝았으면 좋겠다"라고 말한다. 조명 계획은 괴롭다.

내장의 색과 밝기는 항상 연동된다. 아름다운 야경을 볼 수 있는 가게의 공통점은 내부가 어두운색이라는 것이다. 창유리에 가게 내부가 되비치는 것을 억제해 야경을 더욱 돋보이게 한다.

왜 어두운색을 고를까. 흰색은 빛의 80%를 '반사'하니 밝게 보이고, 검은색은 95%를 '흡수'해 어두워 보인다. 흰색과 검은색은 빛의 반사율이 16배 다르다. 빛을 5%밖에 반사하지 않는 검은색 계통의 색을 내장의 기조로 삼으면 공간은 어두워지지만 아름다운 야경을 얻을 수 있다.

조명과 내장의 색을 동시에 고려해 실내외가 연결되는 풍경을 연출한 예(→ P.69)를 보자. 커다란 창과 마주한 벽에는 주방의 수납공간이 있는데, 문을 짙은 색으로 했다. 어두운색이 빛을 흡수해 작업에 필요한 조도를 남기면서 되비침을 억제했다.

조명·인테리어·익스테리어를 연동시켜서 생각하면 밤의 주거 공간의 질이 더욱 높아진다.

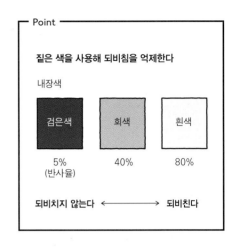

Point

짙은 색을 사용해 되비침을 억제한다

내장색

검은색	회색	흰색
5% (반사율)	40%	80%

되비치지 않는다 ←——————→ 되비친다

✕ **내장 : 흰색**

흰 벽면을 간접 조명으로 비추면, 조명을 받은 벽면이 창유리에 되비쳐 바깥 풍경이 잘 보이지 않는다.

○ **내장 : 짙은 색**

짙은 색의 벽면을 간접 조명으로 비추면, 조명을 받은 벽면의 되비침이 억제되어 조명을 받은 바깥의 풍경이 보인다.

○ 내장 : 회색

중정을 향해서 커다란 개구부(창)가 있는
LDK. 실내에서 중정의 경치를 즐길 수 있도
록 방의 내장재와 가구를 짙은 색인 회색 계
열로 통일함으로써 공간 전체의 반사율을
낮췄다. 특히 창과 마주 보는 수납문의 색은
세심한 주의가 필요하다.

되비침을 없애고 싶다면
글레어리스 다운 라이트

야경이 아름다운 가게에서 종종 쓰는 조명 기구 가운데 '글레어리스 다운 라이트'가 있다. '글레어(Glare) = 눈부심' '리스(Less) = 없다'. 눈부심과 되비침을 억제한 다운 라이트라는 의미다.

최근에는 주택의 조명에도 이 기구를 쓰고 있다. 주택 성능의 향상으로 벽 전체를 차지하는 창이 늘어나서다. 일반 다운 라이트를 사용하면 밤에 되비침 현상이 일어나 다운 라이트의 모습이 그대로 창에 비친다. 즉 다운 라이트가 10대라면 밤에는 20대로 늘어나 보이는 것이다.

그러나 글레어리스 다운 라이트는 창유리에 되비치는 일이 거의 없다. 거울면 처리를 한 반사판은 빛을 남기지 않아 존재하지 않는 것처럼 밤의 창유리에 녹아든다.

밤의 경치를 즐기고 싶다면 '글레어리스 다운 라이트'를 써보자.

일반 다운 라이트

확산 반사

백색 도장의 다운 라이트는 반사판의 표면에서 빛이 확산되므로 빛을 발산하는 듯이 보인다. 그래서 밝게 빛나지만, 창유리에 되비침이 발생한다.

글레어리스 다운 라이트

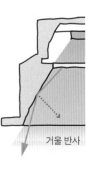

거울 반사

거울면 처리를 한 글레어리스 다운 라이트는 반사율이 높아 반사된 빛이 표면에서 확산되지 않으므로 등이 꺼진 듯이 보이며 눈부심과 되비침이 억제된다.

글레어리스 다운 라이트를 사용
한 거실. 창에 되비침이 없어 조명
을 밝힌 정원이 아름답게 보인다.

[사진 : 히라바야시 가쓰미]

【되비침이 생기는 다운 라이트】

일반 다운 라이트
(백색 반사판)

타공 크기 = φ75　정격 광속 = 360lm
배광 각도 = 60°

Point

백색 반사판은 빛을 반사하기에
되비침이 강하며 광범위하게 빛이
퍼져서 공간까지 되비친다.

되비침	눈부심	밝은 느낌
×	×	○

글레어리스 다운 라이트
(백색 반사판)

타공 크기 = φ75　정격 광속 = 300lm
배광 각도 = 25°

Point

백색 반사판의 글레어리스 다운
라이트는 창유리에 기구가 되비친
다. 단, 빛의 확산이 억제되므로 공
간의 되비침은 적다.

되비침	눈부심	밝은 느낌
×	△	△

【되비침이 없는 다운 라이트】

글레어리스 다운 라이트
(거울면 반사판)

타공 크기 = φ75   정격 광속 = 300lm
배광 각도 = 25°

┌─ Point ─────────────
│ 거울면 반사판은 기구에 빛을 남
│ 기지 않으므로 되비침과 눈부심이
│ 억제된다.
└─────────────────

되비침	눈부심	밝은 느낌
○	○	△

글레어리스 다운 라이트
(흑색 반사판)

타공 크기 = φ75   정격 광속 = 300lm
배광 각도 = 25°

┌─ Point ─────────────
│ 흑색 반사판은 빛을 거의 받지 않
│ 으므로 되비침과 눈부심이 억제
│ 된다.
└─────────────────

되비침	눈부심	밝은 느낌
○	○	△

펜던트 조명의 되비침은 전등갓으로 지운다

펜던트 조명(Pendant Lighting)은 인테리어 코디네이트와 조명 계획의 중간에 위치한다. 펜던트 조명의 밝기는 '전등갓(Lampshade)'으로 조절할 수 있다. 소재와 디자인에 따라 확산광이나 직접광 등 다양한 빛을 얻을 수 있다. 소재의 질감이나 크기에 맞춰 공간과 조화를 이루게 한다.

전반 확산형 펜던트 조명은 창에 되비침이 발생한다.

구체적으로 건축 공간의 조화를 중시하며 펜던트 조명을 선택해보자. 큰 창이 있다면 빛이 투과되는 천이나 유리 등의 '전등갓'은 스스로 빛을 내므로 되비침이 발생한다. 빛이 투과되지 않는 소재나 어두운색 등 되비침을 고려한 '전등갓'을 선택해 건축과의 일체화를 꾀하자.

펜던트 조명의 되비침이 무조건 나쁜 것은 아니다. 디자인성이 높은 기구라면 의도적으로 창에 되비치게 하기도 한다. 그러나 바깥 풍경을 보고 싶다면 빛을 내는 '전등갓'은 밤의 경치를 방해하는 원인이 된다.

인테리어와의 조화라는 측면에서 '귀여운' 혹은 '멋진' 펜던트 조명을 골라도 좋지만, 동시에 건축 공간의 조화라는 측면에서 최적의 '빛을 내는 방식'과 '조명 방식'도 궁리하자.

[사진 : 도미타 에이지]

하면 배광형 소형 펜던트 조명은 등구(燈具)가 빛을 내지 않아 창에 되비침이 없다.

적당한 되비침과 정원의 풍경이 어우러져 식탁을 아름답게 만든다.

코니스 조명은 창과 직각으로

간접 조명 가운데 벽면을 부드러운 빛으로 비추는 코니스 조명이 있다. 천장면 등에 감춘 광원에서 나오는 간접광을 벽면 전체에 비추는 것이다. 다른 간접 조명과 달리 시선의 끝을 더욱 밝게 할 수 있다.

단, 설치할 위치를 선정할 때는 주의가 필요하다. 이유는 벽면을 밝게 비추는 코니스 조명은 창에 되비침이 발생하기 쉬워서다.

코니스 조명을 창과 평행하게(마주 보도록) 설치하면 조명을 받은 벽면이 마주 보고 있는 창에 되비쳐 바깥의 풍경이 보이지 않게 된다.

한편 코니스 조명을 창과 직각을 이루는 면에 설치하면 조명을 받은 벽면과 이어지듯이 되비침이 발생한다. 이것은 나쁜 되비침이라고 단언할 수 없다. 공간이 2배로 늘어난 것처럼 보이므로 실내가 넓어 보이는 효과가 있다.

조명을 비추는 벽면이 짙은 색이면 되비침을 억제해 정원의 풍경을 끌어들이는 동시에 바깥의 풍경과 연결되어 공간에 깊이가 생긴다.

⚠ 창과 간접 조명이 평행

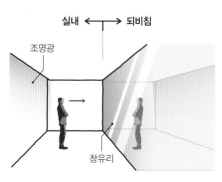

창유리와 마주 보는 벽을 비추면 벽면 전체가 과도하게 되비친다.

○ 창과 간접 조명이 직각

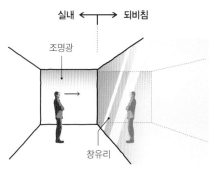

창유리와 수직 방향의 벽을 비추면 벽이 바깥쪽으로 이어지듯이 되비친다.

코브 조명과 되비침

천장면을 비추는 간접 조명을 '코브 조명(Cove Lighting)'이라고 한다. 조명을 받는 천장면보다 낮은 위치에 조명을 설치하므로 창과 평행한 위치, 즉 마주 보는 위치에서 빛이 나오도록 하면 조명 기구로부터 위쪽의 천장면과 빛의 라인이 창에 되비친다.

이 되비침은 창보다 높은 곳에서 마주 보고 있는 벽을 향해 빛이 나오도록 설치하면 피할 수 있다. 창의 꼭대기에 위치한 천장면은 빛이 직접 닿지 않아 '그늘'의 상태이므로 되비침이 억제된다. '그늘' 상태인 천장면의 길이가 길수록 창 상부의 되비침이 억제된다.

단, 창과 마주한 벽을 향해 빛이 나가서 창에 되비침이 생기는 것을 완전히 피할 수는 없다. 조광기를 병용해서 빛의 양을 줄이고, 벽의 색을 어둡게 해서 빛의 반사를 억제하는 등의 방법과 조합해 되비침 대책을 강구할 필요가 있다.

창가의 천장면에 의도적으로 '그늘'을 만든다. 이것이 창의 되비침을 의식한 '코브 조명'의 발상이다.

△ 창과 마주 보도록 설치한 코브 조명

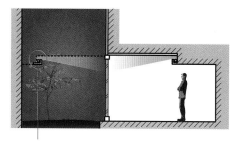

간접 조명의 광원 근처에
과도한 되비침이 생긴다

천장을 비추는 코브 조명은 창과 마주 보는 벽에 설치하면 창에 빛의 라인이 되비친다.

○ 창가에 설치한 코브 조명

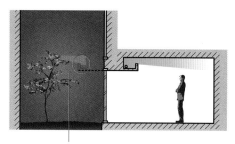

간접 조명의 광원 근처가 되비치지 않아
창 너머의 정원이 아름답게 보인다

창가에 간접 조명 박스를 설치해 실내 쪽으로 향하는 빛을 분산시킴으로써 되비침을 줄인다.

코브 조명을 창가 쪽 낮은 천장에 설치한 예. 빛이 실내 쪽으로 확산되므로 되비치지 않는다.

창과 반대쪽의 벽에 코브 조명을 설치하면 빛의 라인이 되비쳐서 창밖의 정원이 잘 보이지 않는다.

코브 조명의 위치를 창가로 이동하면 되비침이 일어나지 않아서 조명을 받은 정원이 아름답게 보인다.

시선을 유도한다

주택의 창이 점점 커지고 있다. 벽면을 가득 채운 큰 창은 조명 계획을 특히 어렵게 만든다. 밝기만 추구하면 조명 기구나 레인지후드, 에어컨 등 여러 설비가 창에 되비치기 때문이다.

일반적인 조명 계획에서는 방 전체의 밝기를 확보하기 위해 조명 기구를 천장 근처에 설치한다. 그래서 필연적으로 창의 상부에 되비침이 발생한다.

위아래로 작동하는 롤스크린으로 되비침을 없앨 수 있다. 불필요한 되비침을 일시적으로 감출 수 있다는 말이다.

창이 클수록 되비침을 제어하기 어렵다. 그리고 잡다한 물건이 되비칠수록 큰 창의 매력은 떨어진다. 상부를 감춰서 아름답게 풍경을 잘라내고 시선을 아래로 유도한다.

궁리를 거듭한 작은 창은 매우 매력적이다. 낮은 창에서 보이는 빛의 정원(→ P.81)도 운치 있다.

실내에서 커다란 창 너머로 바깥을 바라본다. 그러나 펜던트 조명의 빛에 실내가 되비쳐 바깥의 수목이 잘 보이지 않는다.

롤스크린을 내린다

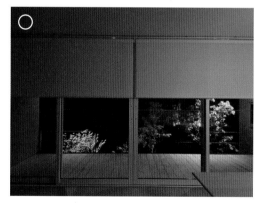

롤스크린을 펜던트 조명보다 낮은 위치까지 내리면 천장과 펜던트 조명의 되비침이 사라진다. 조광기로 밝기도 줄이면 바깥의 수목을 또렷하게 인식할 수 있다.

낮은 창과 바닥면의 조명이
만드는 깊이감

낮은 창 너머로 실내 정원을 바라볼 수 있
는 음식점의 개인실. 외벽에 설치한 스포
트라이트를 통해 정원 바닥의 밝기를 충분
히 확보했다. 안팎이 연결되어 공간에 깊
이감이 느껴진다.

[사진 : 스기노 게이]

실내외를 연결하는 아름다운 되비침

되비침은 대개 조명을 받은 정원의 풍경을 즐길 때 방해가 되는 존재다. 그러나 되비침이 항상 풍경을 망치는 존재인가 하면 그렇지는 않다.

거울과 거울을 마주 보도록 배치하면 거울 속에 거울이 비치고, 그 거울 속에 또다시 거울이 비친다. 이것이 반복되면서 거울 속의 상(像)은 무한히 확장된다. 이것을 밤의 창에 응용하면 공간이 무한히 펼쳐져 있는 것 같은 착각을 불러일으키는 되비침의 연쇄를 연출할 수 있을 것이다.

내장의 색과 되비침의 관계를 이용해 되비침을 컨트롤하는 방법도 있다. '밝은색은 되비치고 어두운색은 되비치지 않는다.' 이 원리를 활용하면 놀라움과 감동을 선사할 수 있을 것이다.

코니스 조명을 설치한 벽의 상부에만 어두운색을 채용해 어둠 속에 녹아들게 하고 간접광으로 비춘 벽만 되비치도록 만든 예(→ P.82~83)를 보자. 조명을 받은 수목을 간섭하지 않고 되비침을 통해 안팎을 연결함으로써 공간에 깊이가 생겼다.

난간의 유리 패널과 창 사이에 펜던트 조명을 배치한 예(→ P.84~85)는 어떤가. 거울 2개를 마주 보도록 배치했을 때처럼 되비침이 연속되면서 수십 개가 넘는 펜던트 조명이 있는 것 같은 착각을 불러일으킨다.

되비침을 컨트롤한다

벽면의 마감재를 바꿈으로써 되비침을 컨트롤한다. 의도한 되비침은 아름다운 풍경을 만들어낸다.

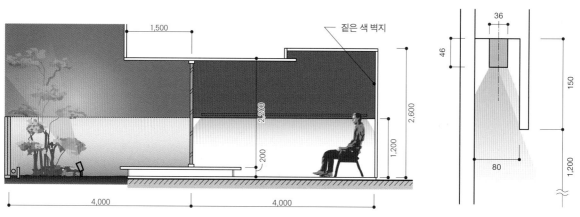

단면도[S = 1 : 80]

간접 조명 박스 단면 상세도[S = 1 : 6]

코니스 조명을 이용해 판재로 마감한 벽만 의도적으로 창유리에 되비치게 함으로써 실내와 정원을 연결하고 공간의 깊이를 만들었다. 벽의 상부는 짙은 색 벽지로 마감해 되비침을 억제했다. 코니스 조명의 설치 높이는 의자에 앉았을 때의 시선을 고려했다. 광원이 눈에 들어오지 않도록 가림막 길이를 150㎜로 했다.

환상적인 분위기를 연출하는 펜던트 조명의 되비침

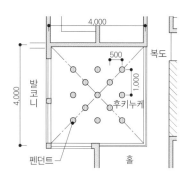

평면도[S = 1 : 150]

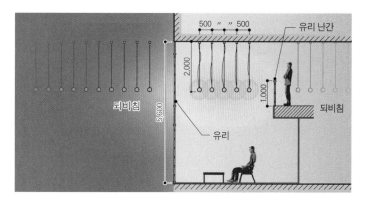

단면도[S = 1 : 150]

1층과 2층에 커다란 창을 확보한 후키누케에 1,000㎜/500㎜ 간격으로 펜던트 조명을 엇갈리게 배치했다. 후키누케는 하층 부분의 천장과 상층 부분의 바닥을 설치하지 않음으로써 상하층을 연속시킨 공간을 말한다. 천장에서 내려온 전선 길이는 약 2,000㎜로, 2층에 있는 유리 난간(높이 1,000㎜)의 중심 높이에 맞췄다. 밤에는 창유리와 유리 난간이 거울이 되므로 되비침이 무한히 재생된다. 두 '거울' 사이의 펜던트 조명은 창유리와 유리 난간에 연속적으로 되비쳐 낮엔 13개였다가 밤엔 수십 수백 개로 보이며 환상적인 야경을 연출한다.

위／1층 봉당에서 정원을 본 모습. 실내 밝기를 실외보다 낮춰 정원으로 시선이 자연스럽게 유도되도록 했다. 2층에서 스포트라이트를 비춰 수목을 부각시키고 지면의 밝기를 확보했다. **아래**／처마 끝(처마돌림)에 설치한 스포트라이트는 발코니(아웃도어 리빙)의 작업 조명을 겸한다. 실외에서 식사를 즐기려면 위에서 비추는 빛이 필요하다. 거실에서 광원이 보이지 않도록 스포트라이트의 하단과 처마 밑면의 하단 높이를 일치시켰다.

2층의 커다란 창에서 발코니와 정원수, 대나무가 보인다. 처마돌림에 감추듯이 설치한 스포트라이트가 발코니와 정원을 동시에 비춘다. 높은 곳에서 비추는 빛은 정원수, 테이블과 의자, 우드 덱까지 이어져 중간 영역의 존재감을 높인다. 안쪽으로 보이는 대나무 숲에는 광각의 업 라이트를 사용해 대나무의 섬세한 줄기와 잎을 강조했다. 위에서 비추는 빛과 아래에서 비추는 빛의 조합이 아름다운 야경을 연출하는 동시에 아늑함을 이끌어낸다.

위에서의 조명으로 정원과 발코니를 비춘다

어두워지면 모습을 드러내는
아름다운 가을 정원

선명한 단풍이 빛을 받아 반짝이는 드넓은 정원의 게스트하우스. 높은 곳에서 스포트라이트로 진홍색 잎에 조명을 비춰 어둠 속 정원의 풍경을 부각시켰다. 그 아름다움을 실내에서 감상할 수 있도록 방의 밝기는 낮춘다. 그러면 창은 거대한 스크린이 되어 캄캄한 극장에서 영상을 보는 듯한 분위기를 불러일으킨다. 단풍잎이 받은 빛이 양질의 판자로 마감한 천장에 부드럽게 반사되는 모습도 인상적이다.

조명을 받은 정원을 1층 파티룸에서 바라본 모습. 실내는 글레어리스 다운 라이트로 밝기를 억제했다. 중간 영역인 깊은 처마도 같은 질의 빛으로 통일시켜 원경이 되는 메인 정원의 경치를 강조했다.

스포트라이트를 2층의 창 위에 설치해 서치라이트처럼 정원을 비춘다. 빨갛게 물든 단풍잎을 부각시키는 동시에 잎의 틈새로 새어 나오는 빛이 이끼를 비춰 지면을 밝게 만든다.

스파이크식 스포트라이트로 비춘 숲이 수면에 되비친다. 수경에 비친 정원은 비일상적인 정경을 연출한다.

안쪽의 대나무를 업 라이트로 비춰서 어프로치의 이정표로 삼는다. 보행의 안전성은 스포트라이트로 돌계단을 밝혀 확보했다. 빛과 그림자의 대비가 고풍스럽다.

조명을 받은 숲에 둘러싸인 주차장. 처마 끝에 설치한 글레어리스 다운 라이트로 지면의 밝기를 확보했다. 가지치기가 잘된 주차장 중앙의 단풍나무는 적은 광량의 스포트라이트로도 수목 전체에 빛이 고루 닿는다.

답은 밤의 현장에 있다

"주택의 조명 계획을 실패하지 않는 좋은 방법이 있을까요?"라는 질문을 종종 받는다. 그러면 항상 "아무리 바쁘더라도 밤의 현장을 찾아가 보세요"라고 대답한다. 이것은 스승인 다카키 히데토시(高木英敏, 다이코전기)에게 배운 방법이다. 밤의 현장에 가면 도면만 봐서는 알 수 없는 조명 계획의 성패를 발견할 수 있다. 안타깝지만 낮의 현장, 사무실의 책상 앞, 멋들어진 준공 사진으로는 밤의 조명의 본질을 찾을 수 없다. 밤의 현장을 본 적이 없는 사람들이 모여서 장시간 회의를 거듭한들 최적의 조명에 대한 답은 나오지 않는다.

'밝기'에 명확한 기준은 없다. '밝기'에 대한 감각은 사람마다 천차만별이다. 거주자와 미팅을 해서 밝기에 대한 의견을 공유하는 것도 쉬운 일은 아니다. 같은 장소라 해도 시간대나 기후에 따라 명암에 대한 느낌이 크게 달라진다. 그래서 주관적이더라도 자신이 직접 보고 느낀 밝기의 잣대가 필요하다. 정확도를 높이려면 밤의 현장을 다양하게 경험하고 그곳에서 본 조명의 진실을 아는 것이 중요하다. 그래야 조명 계획에 설득력이 생기며 거주자의 신뢰도 얻을 수 있다.

밤의 현장을 수없이 경험하지 않으면 허용할 수 있는 어두움을 상상할 수 없어 불안감이 생겨난다. '밝음은 선이다'라는 명목 아래 보험처럼 조명 기구를 늘리게 된다. 수천만 엔을 쏟아부은 건물에 3,000엔짜리 다운 라이트 하나를 추가하는 것은 쉬운 일일지 모른다.

다만 과도하게 늘린 다운 라이트는 심플함과 거리가 먼, 불필요한 조명 기구로 가득한 공간을 만들고 만다. 조명 기구 제조사로서는 매출액이 증가하니 좋은 일일지 모르지만, 조명 계획을 제안하는 사람으로서는 조명 기구와 광량을 최소한으로 억제해 건축물을 방해하고 싶지 않다.

그곳에 조명 기구가 필요했을까? 조용한 밤의 현장에서 조명을 켜고 꺼보면서 바닥·벽·천장에 빛이 어떻게 반사되고 확산되는지 확인한다. 이 작업을 반복하면 보이지 않던 조명의 본질이 보이기 시작한다.

바빠도 짬을 내서 현장에 발을 들이는 것은 언뜻 멀리 돌아가는 행동처럼 생각되지만, 조명 계획을 성공시키는 지름길인지 모른다.

'답'은 밤의 현장에 있다.

4

거실

Living Room

벽의 밝기에 대한 감각을 지배한다

일반적으로 주택의 조명 계획은 평면도를 사용한다. 공간을 위에서 내려다보는 상태의 도면이다. 그러나 실제 공간에서는 위에서 내려다본 바닥이 아니라 시선의 높이에 있는 벽을 중심적으로 보게 된다.

조명 계획에서 벽은 중요한 역할을 한다. 시선의 끝에 있는 벽이 밝으면 사람은 그 공간을 밝다고 느낀다. 시선의 끝에 있는 벽면이 '겉보기 밝기'를 결정한다고 해도 과언이 아니다.

단, 벽의 밝기만 추구하면 밝고 지저분한 공간이 될 우려가 있으니 주의해야 한다. 벽에는 창이나 문, 에어컨, 전등 스위치, 인터폰의 모니터 등 다양한 설비 기구가 설치되어 있다. 그런 것들을 무의미하게 비춰서는 아름다운 공간이 되지 않는다.

'겉보기 밝기'를 연출할 때 평면도를 보면서 공간을 입체로 해석해 사람의 시선 끝에 있는 벽면의 상황을 파악하는 것이 중요하다. 건축물, 인테리어, 조명이라는 3가지 관점에서 공간 전체를 파악하고 벽을 생각해야 한다. 벽이 밝기에 대한 감각을 지배하기 때문이다.

평면도에서 보이는 것은 '바닥' 벽은 '선'이 된다

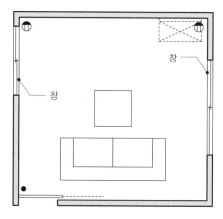

공간을 평면도로 파악하면 벽도 창도 '선'이다. 설비는 존재감이 약한 작은 물결선이나 원으로 표현된다.

실제 공간에서는 주로 '벽'을 보게 된다

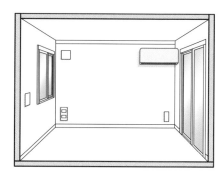

실제 공간에 들어가면 평면도의 '선'은 '면'으로 바뀌고, 시야에 들어오는 면적도 넓어진다. 존재감이 약했던 설비도 갑자기 모습을 드러낸다.

에어컨이나 창호가 다운 라이트의 빛을 받는 실패 사례. 공간을 입체적으로 파악하고 배치를 검토하면 이런 실패를 피할 수 있다.

벽 전체를 비춤으로써 공간 전체가 밝은 인상이 된다. 벽에 불필요한 설비가 없어서 아름다운 벽면의 간접 조명이 완성된다.

간접 조명을 끄고 다운 라이트만 켠 상태. 벽이 어두워지면 밝기에 대한 느낌은 극적으로 변한다.

조명의 '집중 배치'와 '분산 배치'

주택의 조명 기구로 자주 쓰이는 다운 라이트. 기구의 존재가 느껴지지 않아 공간이 깔끔하고 심플한 인상이 된다. 그러나 LDK 등의 넓은 공간을 충분히 밝게 하려면 매우 많은 다운 라이트가 필요해져서 천장을 번잡한 인상으로 만들 우려가 있다.

여러 개의 다운 라이트를 어떻게 배치해야 공간이 아름다운가. 이것이 조명 계획의 실력을 결정한다. 평면도 위에서 아무렇게나 조명을 배치하면 '거실 조명, 주방 조명, 싱크대 조명' '여기가 어둡고, 저기가 어둡네' 등 근시안적이 되어서 밝기만 할 뿐 질서가 없는 공간이 되고 만다.

일반적인 확산형 다운 라이트는 여러 개의 다운 라이트를 모아서 하나의 집합체를 만들고 공간에 배치하는 '집중 배치'를 추천한다. 집합체가 된 다운 라이트를 천장에 여백을 적당히 두고 배치하면 천장이 정리되어 질서 잡힌 공간이 된다.

기구의 존재감을 억제한 글레어리스 다운 라이트는 집중 배치보다 '분산 배치'하는 것이 좋다. 벽이나 천장의 밝기를 억제해 바닥에 빛이 집중되므로 공간에 적당한 음영이 생긴다. 필요한 빛을 머릿속에 그리며 질서 있게 배치한 다운 라이트는 심플하고 아름다운 공간을 만든다.

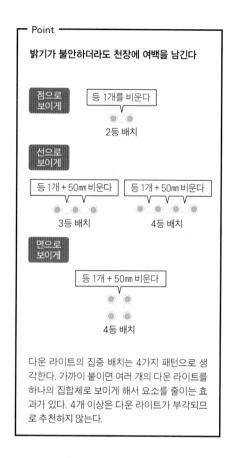

Point

밝기가 불안하더라도 천장에 여백을 남긴다

다운 라이트의 집중 배치는 4가지 패턴으로 생각한다. 가까이 붙이면 여러 개의 다운 라이트를 하나의 집합체로 보이게 해서 요소를 줄이는 효과가 있다. 4개 이상은 다운 라이트가 부각되므로 추천하지 않는다.

일반적인 확산형 다운 라이트를 분산 배치한 예. 가구와 평면도 정보에 영향을 받아서 기구의 간격에 규칙성이 없고 다운 라이트가 번잡한 느낌을 준다. 벽과 아주 가까운 다운 라이트 때문에 벽선반장과 벽이 불필요하게 조명을 받고 있다.

일반적인 확산형 다운 라이트를 집중 배치한 예. 레인지후드나 다이닝 테이블, 소파 등의 위치를 고려하고 집합체로 만든 다운 라이트를 등간격으로 배치해 천장에 여백을 남겼다. 필요한 작업 조도를 확보하면서도 천장이 깔끔하다.

[사진 : 도미타 에이지]

글레어리스 다운 라이트를 사용한 분산 배치의 예. 기구 자체가 불이 켜진 느낌을 주지 않으므로 분산 배치를 해도 천장이 조명 기구로 가득한 인상을 주지 않는다.

슬릿 조명이라는 기능미

슬릿(Slit)은 틈새라는 의미다. 조명 계획에서 슬릿의 이점은 여기저기 흩어져 있는 다운 라이트를 하나의 '선'으로서 건축물에 녹아들게 할 수 있다는 것이다. 설비 기구로 인해 발생하는 천장의 난잡함을 정리하기도 한다.

천장의 안쪽으로 움푹 들어간 형태의 슬릿은 홈의 깊이에 따라 효과가 달라진다. 홈이 깊으면 기구의 존재가 슬릿 속에 감춰져서 눈에 띄지 않지만 슬릿이 빛의 확산을 억제한다. 특히 슬릿 내부의 측면에 닿는 빛은 창에 되비침을 발생시킬 수 있으니 주의하자.

반면 홈이 얕으면 기구의 존재는 거의 감춰지지 않지만 슬릿 속의 측면에 빛이 닿지 않아 되비침도 억제된다. 이때 눈부심과 존재감이 억제되는 글레어리스 다운 라이트를 쓰면 좋다.

슬릿은 보는 각도를 바꾸면 안쪽이 그대로 노출된다. 홈의 깊이, 사람이 보는 위치에 따라 장점도 단점도 될 수 있는 것이 슬릿이다. 이것은 건축에서든 조명에서든 중요 포인트다.

글레어리스 다운 라이트의 슬릿 조명

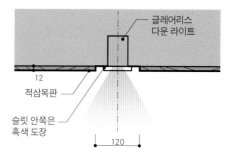

단면도[S = 1 : 10]

눈부심을 억제한 글레어리스 다운 라이트의 특징을 살려서 슬릿의 홈 깊이를 12㎜ 정도로 억제했다. 슬릿 안쪽에 빛이 닿는 현상도 방지한다.

다운 라이트의 슬릿 조명

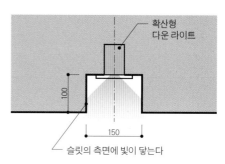

단면도[S = 1 : 10]

슬릿의 홈이 깊으면 기구의 존재감이 약해져 천장을 올려다봤을 때의 위화감을 없앨 수 있다. 기구는 거의 보이지 않지만, 측면에 빛이 닿는 것이 불안하다.

─ Point ─

Ⓐ 슬릿 안쪽이 잘 보이지 않는다

Ⓑ 슬릿 안쪽이 그대로 보인다

슬릿은 보는 방향을 바꾸면 내부가 노출되니 주의가 필요하다.

슬릿을 흑색으로 마감하면 판재를 붙인 천장에 자연스럽게 녹아드는 동시에 슬릿이 창에 되비치는 것을 막는다.

바닥 높이가 다른 스킵 플로어의 천장에 배광 각도가 다른 2종의 다운 라이트를 사용해 바닥면의 밝기를 통일시켰다. 2종의 다운 라이트는 형태가 다르지만 다이닝 키친과 후키누케 구조의 거실 모두 슬릿 안쪽에 다운 라이트를 설치함으로써 천장의 디자인을 통일시켰다.

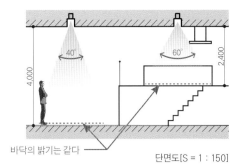

바닥의 밝기는 같다

단면도[S = 1 : 150]

어두움을 긍정하는 글레어리스 다운 라이트

일반적인 다운 라이트는 공간 전체의 밝기를 확보하기 위해 벽면에도 빛이 닿기 쉽도록 빛의 퍼짐(배광 각도)을 넓게 설계한다.

발광면이 얕고 천장면보다 조금 높이 위치하므로 떨어진 장소에서도 잘 보인다. 빛을 효과적으로 퍼뜨리고자 반사판 부분을 백색으로 만들어서 기구 자체의 겉모습 또한 밝다.

한편 글레어리스 다운 라이트는 정반대의 성질을 지닌다. 발광면을 깊게 설정하고 반사판은 거울면 마감이다. 이름처럼 눈부심이 억제되는 반면 '어둡다'라고 인식될 수 있다. 빛의 퍼짐(배광 각도)은 좁으며 하면에 빛이 집중되어 음영이 있는 공간을 연출할 수 있다. 한편 벽에 빛이 거의 닿지 않으므로 공간 전체의 밝은 느낌은 부족하다.

일반적인 다운 라이트와 글레어리스 다운 라이트. 이 둘은 기본 성능이 다르므로 일률적으로 비교할 수 있는 것은 아니다. 밝은 공간으로 만들 것인가, 음영이 느껴지는 긴장된 공간으로 만들 것인가. 사진 2장을 비교해보고 판단하기 바란다.

글레어리스 다운 라이트

벽에 빛이 닿지 않아서 공간 전체의 밝은 느낌이 부족하다. 한편 눈부심은 느껴지지 않으며 기구의 존재감이 작다. 밝음과 어두움이 적당히 공존하고 있다.

확산형 다운 라이트

벽에 빛이 확실히 닿고 있어 공간 전체의 밝은 느낌은 충분하다. 단, 광원이 눈에 들어오면 눈이 부시며 기구의 존재감이 크다.

Point

글레어리스 다운 라이트는 양날의 검

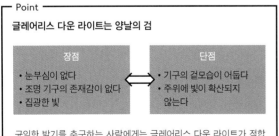

장점	단점
• 눈부심이 없다 • 조명 기구의 존재감이 없다 • 집광한 빛	• 기구의 겉모습이 어둡다 • 주위에 빛이 확산되지 않는다

균일한 밝기를 추구하는 사람에게는 글레어리스 다운 라이트가 적합하지 않다. 글레어리스 다운 라이트는 어디까지나 '기분 좋은 어두움'과 '안락함'을 제안하는 조명 기구다. 어두움을 긍정하는 것이 글레어리스 다운 라이트를 사용하기 위한 전제 조건이어야 한다.

[사진 : 도미타 에이지]

글레어리스 다운 라이트도 시선에서 치운다

글레어리스 다운 라이트라 해도 발광부가 시선에 직접 들어오면 눈부심을 느끼게 된다. 천장에 설치된 다운 라이트를 직접 올려다보게 되는 장소는 침실이다. 머리맡 위에 배치하면 발광부가 시야에 직접 들어와 눈부시다. 이런 상황을 피하려면 침대의 발치 근처에 설치하는 것이 좋다. 눈부심을 방지하고 공간에 깊이와 분위기를 더한다. 호텔 객실에 자주 쓰이는 방법이다.

글레어리스 다운 라이트의 효과적인 사용법은 그 밖에도 있다. 거실의 주역인 소파를 유니버설형 다운 라이트로 연출한 예(→ P.105)를 보자. 소파 연출의 포인트는 모서리에 조명을 비추는 것이다. 사진을 보면 팔걸이가 조명을 받아서 윤곽이 또렷하며, 그 음영이 인테리어의 아름다움을 더욱 부각시키고 있다.

소파보다 바깥쪽에 조명 기구를 분산 배치하면 소파에 앉아 있어도 다운 라이트가 시선에 들어오지 않아 눈부심을 억제할 수 있다. 가구를 부각시키면서 아늑한 분위기가 형성되는 것이다. 글레어리스 다운 라이트의 설치 위치도 궁리해서 효과를 최대한 끌어내자.

침대의 발치 근처에 글레어리스 다운 라이트를 설치함으로써 불쾌한 눈부심을 방지했다. 머리맡에 설치한 간접 조명과 빛이 서로 간섭하지 않는다.

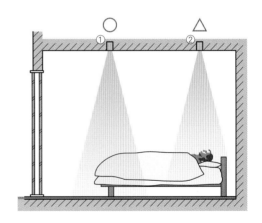

① 침대의 발치에 배치하면 시선을 피할 수 있다. 단, 독서를 원한다면 스탠드 조명 등을 별도로 검토할 필요가 있다.
② 시선이 직접 닿는 위치에 발광부를 설치하면 눈부심을 느낀다.

┌─ Point ──────────────────
반사판의 재질을 고려한다

거울면 반사판

백색 반사판(글레어리스)

글레어리스 다운 라이트는 여러 종류가 있다. 백색 반사판은 빛이 확산되므로 눈부심을 억제하려면 거울면 반사판을 추천한다.

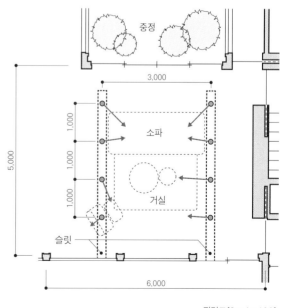

슬릿을 설치한 글레어리스 다운 라이트 배치도. 슬릿의 간격은 PC = 3,000㎜. 집광한 빛으로 가구를 비췄다. 소파는 모서리에 조명을 비추면 윤곽이 떠올라서 음영으로 입체감을 연출할 수 있다. 글레어리스 다운 라이트의 반사판은 검은색이다. 되비침이 없어 밤의 정원이 더욱 아름답다.

평면도[S = 1 : 100]

현관은 심플하고 아름답게

현관은 심플하게. 아무것도 하지 않는 것 또한 아름다운 조명 계획의 비결이다.

일본의 일반적인 4LDK 주택의 현관 면적은 5㎡ 정도다. 현관에 수납공간을 설치하면 남는 공간은 불과 3.3㎡. 벽에는 신발을 벗을 때 잡기 위한 손잡이와 전등 스위치, 창, 창호 등을 설치하므로 빛으로 연출할 수 있는 벽이 거의 남지 않는다.

신발장에 설치한 간접 조명은 처음엔 좋아 보이지만 몇 달 후에는 타일이 아니라 지저분한 신발을 비추게 될지 모른다.

일반적인 현관은 100W의 다운 라이트 1개로 밝기를 충분히 확보할 수 있다. 천장의 한가운데 조명을 1개 배치하면 불필요한 물건을 비출 우려가 없다. 수납공간이나 설비를 정리해 천장과 벽이 깔끔해지면 간접 조명이나 브래킷 조명(Braket Lighting)을 이용한 연출 조명 또한 가능해진다.

'집의 얼굴'인 현관을 조명으로 진하게 화장할 필요는 없다. 나는 언제나 연한 화장의 현관 조명을 의식한다.

100W 다운 라이트를 사용한 현관. 벽면에도 빛이 닿아 등 1개로 밝은 인상을 준다.

평면도에서 전등 스위치나 손잡이는 아무래도 존재감 없는 '점'으로 표시될 수밖에 없다. 이것을 간과하면 아름답지 않은 벽에 브래킷 조명을 배치해 설비나 손잡이를 비추게 된다.

정면의 막다른 벽에 간접 조명을 설치했다. 부드러운 빛으로 공간 전체를 비추면서 자연스럽게 안쪽으로 유도하는 효과가 있다.

측면의 쌀쌀한 벽면에 간섭 조명을 설치했다. 의도적으로 창에 되비치게 해 공간이 깊어 보이도록 했다.

사소하지만 중요한 복도의 조명

주택의 조명 계획에서 복도의 조명도 다운 라이트가 기본. 다른 공간처럼 평면도에서 조명 기구를 균등하게 배치하면 공간이 아름답지 않다.

복도는 폭이 좁고 벽으로 둘러싸여 있다. 그래서 벽에 빛이 반드시 닿으며, 창호를 어중간하게 비추고 만다. 벽·창호·빛의 관계를 이해하면서 다운 라이트를 배치할 필요가 있다.

밝기에도 주의가 필요하다. 통상적인 공간과 똑같은 감각으로 조명 계획을 세우면 반드시 과하게 밝은 공간이 된다. 복도가 너무 밝으면 그 끝의 공간(방)에 들어갔을 때 어둡기 마련인데, 이동 공간의 조명으로서는 그리 바람직하지 않다.

매일 걷는 복도를 필요 이상으로 밝게 만들지 않아도 된다. 최소한의 밝기를 의식한다면 복도를 걸을 때는 시선이 향하는 곳만 밝으면 충분하다. 생활에 익숙해지면 대부분 복도의 바닥을 보지 않고 진행 방향의 벽만 보고 걷는다.

사소하지만 중요한 복도의 조명. 다운 라이트 하나를 쓰더라도 진지하게 위치를 고민하자.

어중간하게 문을 비추면 공간이 아름답지 않다.

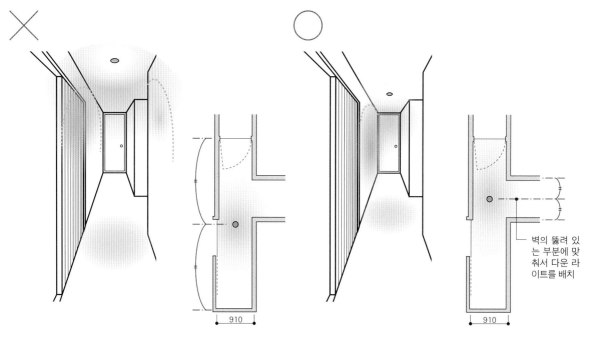

벽의 뚫려 있는 부분에 맞춰서 다운 라이트를 배치

왼쪽 / 평면도만 보고 복도의 중앙에 다운 라이트를 배치하면 벽이나 창호를 어중간하게 비칠 우려가 있다. 그러면 건물과 빛이 따로 노는 느낌이 든다.
오른쪽 / 벽의 상태에 맞춰 다운 라이트의 배치를 변경하면 건물과 빛이 정리된 인상을 준다.

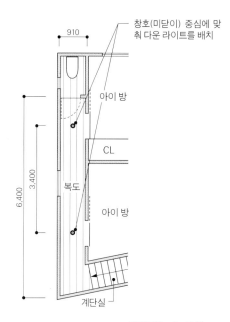

창호(미닫이) 중심에 맞춰 다운 라이트를 배치

910

6,400

3,400

아이 방

CL

복도

아이 방

계단실

평면도[S = 1 : 120]

글레어리스 다운 라이트를 설치한 복도. 폭이 좁은 복도에서는 배광 각도가 좁은 글레어리스 다운 라이트의 빛으로도 벽면에 빛이 충분히 닿는다. 바닥의 밝기는 균일하지 않지만, 야간 보행에 지장을 주지 않는다.

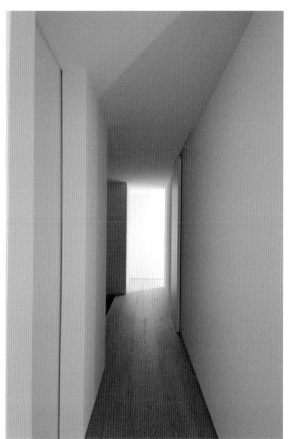

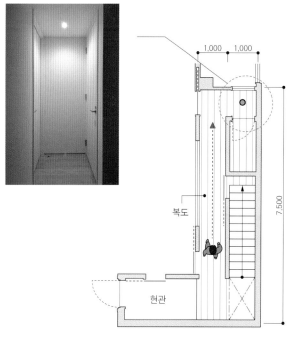

1,000   1,000

7,500

복도

현관

평면도[S = 1 : 120]

정면에서 보이지 않는 위치에 다운 라이트를 설치했다. 복도 안쪽에서 새어 나오는 빛은 말 그대로 간접 조명. 시선의 끝이 밝아서 걸어갈 수 있다.

계단의 조명은 빛이 세로로 빠져나가는 장소에

주택의 계단 조명은 '위쪽 입구와 아래쪽 입구에 조명 기구를 설치한다'라는 발상이 있다. 수십 년 전부터 언급되는 규칙이다.

그러나 일반 주택의 꺾인계단 벽에는 '손잡이·창·스위치' 등이 밀집되어 있어 브래킷 조명을 설치할 여백이 거의 남아 있지 않다. 이때 천장에 다운 라이트를 설치하는 편이 훨씬 원만하며 밝기를 설정하는 데도 실패할 확률이 낮다.

계단에 다운 라이트를 설치할 때 중요한 점은 2가지다. (1) 빛이 세로로 빠져나가는 장소에 설치한다. (2) 2층의 천장에서 나온 빛이 1층의 첫 디딤판에 닿아야 한다.

대부분의 계단 조명은 계단의 핸드레일 위에 설치한다. 이유는 2층에서의 빛으로도 첫 디딤판을 인식할 수 있고 2층 복도의 밝기를 확보할 수 있기 때문이다.

브래킷 조명은 2층의 벽면에 몰아서 설치하는 것을 추천한다. 브래킷 자체에서 나오는 빛과 벽에 반사된 빛이 계단 전체에 닿아서. 높은 곳에 설치하면 이동 시 방해가 되지 않으며 손잡이나 창문과도 간섭이 없다. 평면도에선 '2층에만' 계단 조명을 설치하는 것이 불안한 계획처럼 생각될지 모르지만, 사진(→ P.111)을 확인하기 바란다.

낮에 햇빛이 들어오는 '매우 밝은 계단'에서 발을 헛디디는 사람도 있다. 이것은 부주의가 원인이다. '밝음'과 '부주의'를 혼동하지 말자.

꺾인계단의 계단참 벽면에 브래킷 조명을 설치한 예. 창이나 징두리널 보드, 손잡이 등의 요소가 많다. 브래킷 조명의 설치 높이가 일정하지 않으면 벽이 어수선한 인상을 준다.

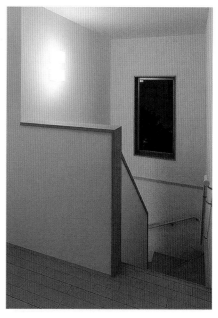

2층의 벽 상부에 브래킷 조명을 몰아서 설치한 예. 손잡이와의 간섭을 피할 수 있고 계단을 오르내릴 때 방해되지 않는다.

2층의 계단 난간에서 손이 닿는 장소에 설치하면 램프의 교환이나 유지 보수를 편하게 할 수 있다.

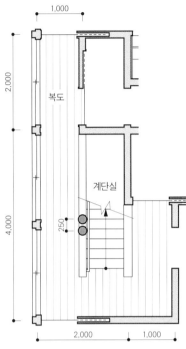

평면도[S = 1 : 80]

복도

계단실

1,000

2,000

4,000

250

2,000

1,000

2층 핸드레일 바로 위에 확산형 배
광(60°) 다운 라이트(100W) 2개를
집중 배치한 예. 다운 라이트 2개로
계단실과 복도의 밝기를 확보했다.
단, 2층 천장에서 1층 바닥면까지
빛이 닿는지 검증할 필요가 있다.

바에서 먹는 쇠고기덮밥

쇠고기덮밥집과 바. 두 가게 모두 카운터를 사이에 두고 손님을 상대한다. 점주와 손님이 마주 보며 그곳에서 음식을 먹거나 술을 마신다. 공간 구성은 비슷하지만, 조명은 어떨까.

쇠고기덮밥집은 '싸게, 빠르게, 맛있게'가 신조다. 몸과 위가 활발히 활동하도록 희고 밝은 빛을 사용한다. 손님은 음식을 입속에 빠르게 집어넣고, 10분이면 식사를 마친다. 뱃속이 든든해지고 힘이 난다.

바는 술을 즐기는 곳이다. 쇠고기덮밥 3그릇 정도의 가격에 해당하는 위스키를 한 손에 든 채 시간을 잊고 마시거나 소중한 사람과 이야기를 나눈다. 조명은 타인과의 사이를 적당히 차단할 겸 어둡게 한다. 어두움과 그림자가 칸막이가 되어서 자신만의 장소와 아늑함을 제공한다. 그렇게 술과 대화를 즐기다 보면 어느덧 막차 시간이 다가온다.

공간 구성이 같아도 조명과 인테리어가 다르면 행동이나 시간의 흐름이 크게 변한다.

집의 식탁은 뱃속도 아늑함도 만족시킬 수 있는 곳이어야 한다. 그래서 나는 조명을 낮춘 식탁에서 식사하기를 좋아한다.

5

간접 조명
Indirect Lighting

'가림막의 높이'와 '개구부의 치수'

공간을 심플하게 만들고 싶다면 조명 기구는 가급적 적게, 존재가 두드러지지 않게 해야 한다.

그러면서도 밝기는 필요할 수 있다. 이때 간접 조명을 시도해본다. 천장을 비추는 간접 조명(코브 조명)은 천장을 빛의 반사판으로 간주하고 그 반사광을 통해 공간 전체에 빛을 퍼뜨린다. 천장이 밝아 보이며 공간 전체가 부드러운 빛에 둘러싸이게 된다.

이 코브 조명을 성공시키기 위한 포인트는 2가지. '가림막의 높이'와 '개구부의 치수'다. 개구부는 채광·환기·통행·투시 역할을 목적으로 건물의 벽·지붕·바닥 등의 트인 부분을 말한다.

조명 기구를 숨기기 위한 가림막의 높이는 기구의 높이에 '맞추는' 것이 기본. 기구보다 가림막이 높을수록 빛이 차단되어 뻗어 나가지 못한다. 천장 일부만 집중적으로 밝아지므로 넓고 어두운 천장과의 사이에 지나친 '명암 차'가 생기고, 그 대비가 더욱 공간을 어둡게 만든다.

다음은 개구부의 치수다. 간접광을 먼 곳까지 뻗어 나가게 해서 밝기를 확보하려면 개구부의 치수를 최대한 많이 확보하는 것이 바람직하다. 천장의 높이와 창호의 관계를 고려해 개구부 수치는 최소 150㎜ 이상을 확보하자.

공간의 크기에 맞춰 '가림막의 높이'와 '개구부의 치수'를 조절한 간접 조명은 공간을 심플하고 아름답게 연출한다.

✕ 빛이 퍼지지 않는 간접 조명

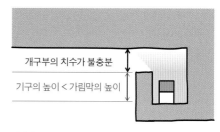

가림막이 기구보다 높고 개구부의 치수가 작은 예. 빛이 차단되어 천장 전체로 빛이 뻗어 나가지 못해서 어둡게 느껴진다.

◯ 빛이 퍼지는 간접 조명

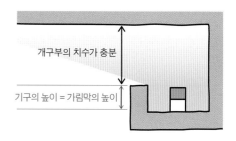

가림막과 기구의 높이가 같고 개구부의 치수로 150㎜를 확보한 예. 간접 조명 박스에서 나오는 빛이 천장 전체로 퍼진다.

간접 조명과 건축화 조명

간접 조명과 건축화 조명은 종종 혼동되는데, 이 둘은 서로 비슷해 보이지만 다르다.

간접 조명은 램프나 조명 기구에서 방사된 빛의 90% 이상이 천장이나 벽면을 비추고, 그 반사광으로 공간을 밝힌다. 스탠드라이트나 스포트라이트 같은 조명 기구도 빛을 조사(照射)하는 방향에 따라서는 간접 조명이 된다.

한편 건축화 조명은 램프나 조명 기구 자체를 건축 구조와 동화시켜 그 존재를 보이지 않게 하고 빛만 조사하는 방법이다. 간접 조명을 건축화하면 램프 또는 조명 기구를 숨기거나 빛을 제어하기 위해 가림막을 설치하는 경우가 적지 않은데, 사용하는 램프나 조명 기구에 따라 가림막의 '높이'가 두드러지기도 한다.

그래서 건축 구조로서 더욱 동화시키기 위해 가림막의 존재감을 최대한 없애는 '방법' 3가지를 소개한다. (1) 가림막의 디테일(세부)을 신경 쓴다. (2) 램프와 조명 기구를 깊숙한 위치에 설치한다. (3) 발광면이 잘 보이지 않는 가림막 부착 조명 기구를 선택한다.

기본은 이 3가지다. 단, 시공이 어려울 수 있고, 낮은 확률이지만 램프 또는 조명 기구가 보일 위험성이 있는 등 '단점'이 있으므로 주의가 필요하다.

Point

공간이 큰 경우 가림막이 없으면 멀리 떨어진 위치에서 라인 조명이 보일 우려가 있다. 특히 남성은 키가 커서 조명 기구가 눈에 잘 들어온다. 조명 기구를 노출시키고 싶지 않다면 전개도로 검증한 뒤 가림막을 설정할 필요가 있다.

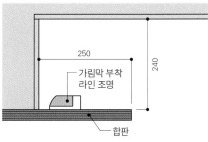

간접 조명 박스 단면 상세도[S = 1 : 10]

위／간접 조명에서 가림막은 필수이지만 가림막의 시각적인 존재감은 공간의 인상에 영향을 크게 끼친다.
아래／널빤지로 만든 낮춤 천장에 가림막 부착 라인 조명을 설치한 예. 간접 조명 박스의 깊이는 250㎜로, 라인 조명이 시야에 거의 들어오지 않게 함으로써 건축과 조명이 일체화된 '건축화 조명'을 실현했다. 개구부의 치수는 240㎜를 확보해 빛이 천장 전체로 부드럽게 퍼져 나간다.

삼각형의 가림막을 이용해 시각적 효과를 노린 코브 조명

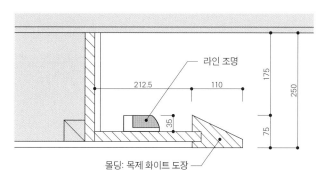

라인 조명

212.5   110   175   250

35   75

몰딩: 목제 화이트 도장

간접 조명 박스 단면 상세도[S = 1 : 8]

창의 높이에 맞춰 천장을 낮추고 끝부분에 코브 조명을 설치했다. 간접 조명 박스의 높이는 250㎜, 개구부의 치수는 175㎜를 확보했다. 가림막의 형상을 삼각형으로 만늘어서 빛의 제어판으로 기능을 하는 동시에 존재를 시각적으로 지워버렸다.

벽을 매력적으로 보이게 하는 코니스 조명

벽을 비추는 간접 조명을 코니스 조명이라고 한다. 시선이 모이는 벽에 설치하면 그 시계(視界)는 항상 밝다.

코니스 조명은 천장의 '가장자리 부분'에 홈을 파고 조명 기구를 천장면에 간단히 설치할 수 있다. 이때 홈의 깊이에 따라 조명 기구가 눈에 띄는 정도와 빛이 퍼지는 정도가 결정된다. 이 설정을 잘못하면 조명 기구가 그대로 보이고 측면 벽에 명암 차가 생긴다.

측면에서 홈이 보이는지 보이지 않는지 확인해야 한다. 측면에서 보이면 코브 조명처럼 '가림막'을 설치해서 조명 기구를 '감출' 필요가 있다.

코니스 조명은 공간에 대한 빛의 중심을 컨트롤할 수 있다. 광원의 위치를 올려 벽면 전체를 밝게 비춰서 공간을 넓어 보이게 하거나 광원의 위치를 낮춰 빛의 중심을 낮게 해서 차분한 분위기를 연출할 수 있다.

사람은 천장보다 벽을 주로 보므로 코니스 조명은 사람의 심리에도 큰 영향을 끼친다. 코니스 조명은 고려할 항목이 많지만 모든 조건을 충족시키면 '매력적'이라는 말에 걸맞은 아름다운 벽면이 탄생한다.

코니스 조명의 나쁜 예. 벽걸이 에어컨을 위에서 비춰 설비 기기의 존재감을 강조했다. "어디를 비추고 있는 거야!"라고 화를 내는 목소리가 들리는 듯하다.

코니스 조명은 광원의 높이를 바꿈으로써 공간의 분위기를 연출할 수 있다.

┌─ **Point** ─────────────────────────

아름다운 간접광을 만드는 방법은 벽과 천장이 공통

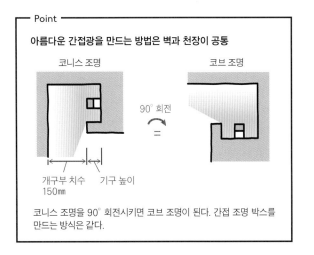

코니스 조명 　　　　　　　　 코브 조명

90° 회전

개구부 치수　기구 높이
150mm

코니스 조명을 90° 회전시키면 코브 조명이 된다. 간접 조명 박스를 만드는 방식은 같다.

└──────────────────────────────────

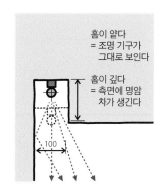

천장에 홈을 파고 조명 기구를 설치한 예. 조명 기구에 비해 홈이 깊으면 측면 벽에 명암 차가 생기므로 주의가 필요하다.

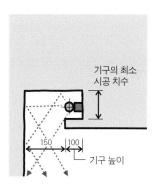

천장에 홈을 파고 가림막과 조명 기구를 설치한 예. 홈 속에서 확산된 빛이 벽면에 퍼지므로 컷오프 라인(밝은 부분과 어두운 부분의 경계)이 거의 생기지 않는다.

코니스 조명으로 빛의 중심을 컨트롤하다

스킵 플로어의 LDK에 코니스 조명을 계획한 예. 간접 조명은 1열이지만 바닥의 높이가 다르므로 파트마다 빛의 중심이 달라진다. 다이닝키친은 가림막 높이를 FL+1,600㎜로 설정했다. 서 있을 때의 시선의 높이를 고려해 테이블면의 작업 조도도 확보했다. 거실은 소파에 앉았을 때 눈부심을 느끼지 않게 가림막을 FL+800㎜로 했다. 중심이 낮아져서 빛이 편안함을 준다.

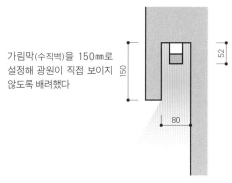

가림막(수직벽)을 150㎜로 설정해 광원이 직접 보이지 않도록 배려했다

간접 조명 박스 단면 상세도[S = 1 : 10]

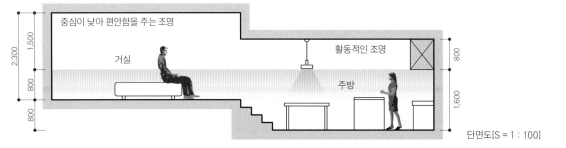

단면도[S = 1 : 100]

코니스 조명으로 공간의 밝기를 통일하다

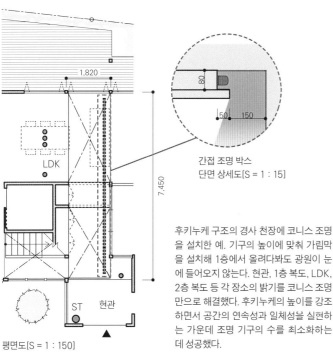

평면도[S = 1 : 150]

간접 조명 박스
단면 상세도[S = 1 : 15]

후키누케 구조의 경사 천장에 코니스 조명을 설치한 예. 기구의 높이에 맞춰 가림막을 설치해 1층에서 올려다봐도 광원이 눈에 들어오지 않는다. 현관, 1층 복도, LDK, 2층 복도 등 각 장소의 밝기를 코니스 조명만으로 해결했다. 후키누케의 높이를 강조하면서 공간의 연속성과 일체성을 실현하는 가운데 조명 기구의 수를 최소화하는 데 성공했다.

후키누케 간접 조명의 빛과 그림자

"후키누케가 두렵다"라는 이야기를 종종 듣는다. 물론 조명 계획의 이야기다.

천장의 높이가 2배인 후키누케는 밝기에 대한 불안감도 2배가 된다. 조명에도 '고소 공포증'이 있다고나 할까.

2층 후키누케의 천장면을 난간 상부에 설치한 간접 조명으로 비춰보자. 조명 기구의 수가 아주 적은 간접 조명 계획은 도면만 봐서는 밝기를 확보할 수 있을지 불안감을 떨칠 수 없을 것이다.

그러나 높고 넓은 천장이 빛을 가득 받는 반사판의 역할을 해서 1층과 2층에 부드러운 간접광을 전달한다. 아름다운 후키누케의 조명이 탄생하는 것이다. 천장은 그 모습 그대로일 때 가장 아름답다.

그래서 더더욱 조명 기구를 보여주지 않는 용기가 필요하다. 단, 조명의 위치를 잘못 계획하면 그 모습은 순식간에 변한다. 난간과 후키누케의 천장면을 동시에 비추는 용도로 간접 조명을 설치해야 한다. 그러면 밝아질 것 같았던 난간과 천장면에 '의도하지 않은 음영'이 나타나 오히려 어두움을 느끼게 된다.

밝은 빛의 이면에는 반드시 그림자가 따라온다. 부자연스러운 건축물의 그림자가 나타나지 않도록 적절한 조명의 위치를 찾아야 한다. 이 빛과 그림자의 조작이 후키누케의 밝기에 대한 불안감을 없앨 실마리가 될 것이다.

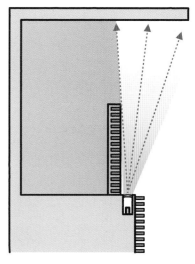

후키누케의 난간을 간접 조명으로 비춘 예. 가로 격자의 난간 자체는 조명을 예쁘게 받지만 2층 천장과 복도에 아름답지 않은 그림자가 생겨 어두운 느낌을 조장한다.

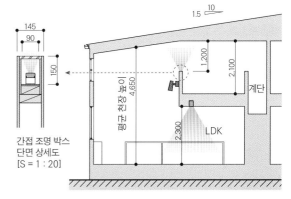

간접 조명 박스
단면 상세도
[S = 1 : 20]

단면도[S = 1 : 150]

주방에서 2층을 올려다본 모습. 간접 조명이 만들어낸 부드러운 빛이
2층의 천장을 비춰 후키누케를 밝고 높아 보이게 한다.

난간의 꼭대기에 간접 조명이 있다. 천장과의 거리는 1,200㎜. 빛이 공간
전체로 확산되고 있다.

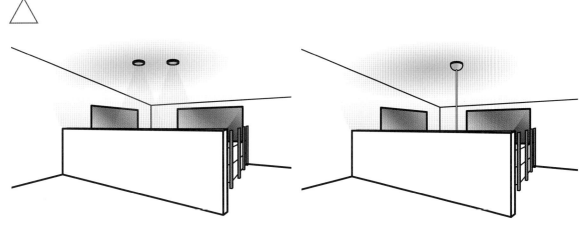

천장면에 다운 라이트나 펜던트 조명의 플랜지(Flange)를 설치하는 것은 피한다. 간접광으로 조명 기구를 비춘들 아름답지 않다.

후키누케를 이용한 건축화 조명

채광을 목적으로 한 좁고 긴 후키누케. 천창에서 햇빛이 들어와 실내는 자연광으로 가득하다. 밤에는 어떨까. 후키누케에서 밤의 어둠이 내려와 실내의 벽면이 캄캄해진다. 이처럼 극적으로 역전되는 '밤낮의 모습'을 상상해보지 않으면 채광을 확보하는 장소가 어둠을 낳는 장소로 탈바꿈한다.

여기에서는 낮과 마찬가지로 밤의 채광을 확보하기 위해 후키누케의 구조를 활용했다. 시선으로부터 감추듯이 라인 조명을 벽에 심었다.

좁고 긴 후키누케는 아름다운 간접 조명으로 모습을 바꿔 내려온 어둠을 지워버린다.

라인 조명과 그 빛을 받는 벽면은 적당한 거리를 유지하고 있어 부드러운 빛을 실내에 퍼뜨린다. 조명을 건축 구조와 동화시켜 빛만 조사하는 방법. 이것을 건축화 조명이라고 부른다.

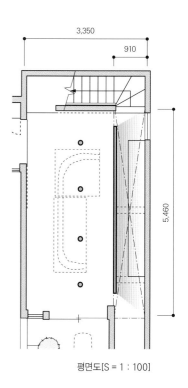

평면도[S = 1 : 100]

작은 후키누케를 통한 아름다운 조명이 인상적인 거실. 정면에 보이는 정원도 '위에서 아래로 비추는' 조명을 받아 아름답다.

[사진 : 도미타 에이지]

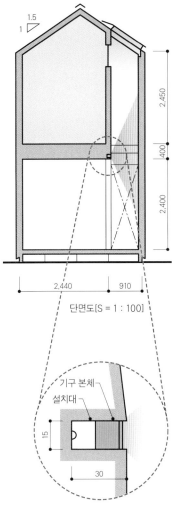

단면도[S = 1 : 100]

기구 본체
설치대

간접 조명 박스 단면 상세도[S = 1 : 2]

천창을 단 좁고 긴 후키누케(폭 910㎜)에 라인 조명을 설치해 천창을 간접 조명의 개구부로 활용했다. 벽면의 대부분에 빛이 닿아 밤에도 충분히 밝게 느껴진다.

[사진 : 도미타 에이지]

후키누케의 간접 조명으로 광원이 보이더라도 예쁜, LED의 입자가 보이지 않는 라인 조명을 채용했다. 기본 조명은 글레어리스 다운 라이트를 채용해 조명 기구의 존재감과 눈부심을 억제했다.

'1실 1등'의 건축화 조명

구조재가 그대로 드러난 박공 천장이 인상적인 목조 주택. 설계자는 '천장에 조명 기구는 넣고 싶지 않다' '거주자를 배려해 조명을 밝게 했으면 좋겠다' '가구의 배치에 좌우되지 않는 조명 계획', 이 3가지를 바랐다.

콤팩트한 주택이어서 조명 기구를 넣을 여유는 없으므로, 설계자와 머리를 맞대고 시행착오를 거듭한 결과 '대들보 같은 조명 박스'라는 결론에 도달했다.

조명 박스의 위아래에 공간을 가로지르듯 '라인 조명'을 설치했다. 위를 향하는 간접 조명이 서까래의 구조미를 강조하고, 아래를 향하는 직접 조명이 작업에 필요한 조도를 충분히 확보한다.

13㎡가 채 안 되는 다이닝키친. 빛의 중심을 높임으로써 공간을 조금이라도 높고 넓어 보이도록 했다. 위아래의 '라인 조명'을 조합해 충분한 밝기를 확보했고, 거주자의 바람도 충족시켰다.

건축물에 어우러진 '1실 1등'의 건축화 조명이다.

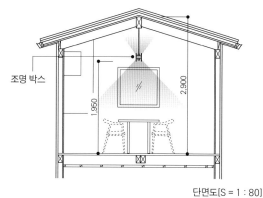

단면도[S = 1 : 80]

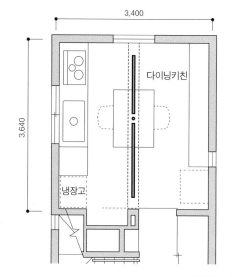

평면도[S = 1 : 80]

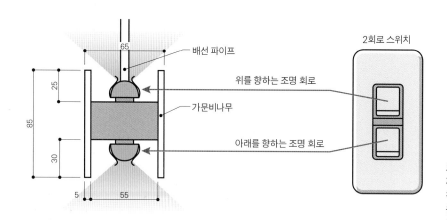

간접 조명 박스 단면 상세도[S = 1 : 3]

오리지널 펜던트 조명의 상세도. 횡가재(橫架材)의 위아래에 라인 조명을 부착하고 가문비나무 가림막으로 광원을 감췄다. 위를 향하는 조명 회로와 아래를 향하는 조명 회로를 분리해 3가지 조명 패턴을 선택할 수 있게 했다.

상부 점등

하부 점등

[사진 : 도미타 에이지]

상하 점등

펜던트 조명의 상하면을 점등해 공간 전체를 밝힌 모습. 부드러운 빛이 마룻대·서까래·산자널을 밝히고 있다. 천장을 비춤으로써 후키누케의 높이를 강조해 공간이 넓어 보인다.

아름다운 가구들이 돋보이는 옅은 조명의 거실. 주택에서는 악으로
치부되는 어둠과 그늘이 조역이 되어서 조명을 받은 라운지체어와 낮
은 테이블을 주역으로 부각시킨다. 거실을 비추는 조명도 조역이 되
어, Ø50의 글레어리스 다운 라이트는 기구의 존재를 잊을 만큼 작다.
발코니에서도 옥외의 가구를 글레어리스 다운 라이트로 비춰 중간 영
역을 형성했다. 가구를 빛으로 밝히고 실내외를 연결해 거실이 넓고
고급스러워 보인다.

기분 좋은 어둠으로 가득한 밤의 거실

위／정면에 중정이 보이는 1층의 현관. 3층 발코니에 설치한 스포트라이트로 정원을 비춰 나무 사이로 햇살이 들어오는 듯한 느낌을 만들어냈다. 실내에서는 글레어리스 다운 라이트의 집광한 빛으로 가구를 인상적으로 연출했다.

아래／중정을 사이에 둔 라운지. 녹색으로 빛나는 펜던트 조명과 조명을 받은 중정의 녹색 나뭇잎이 조화를 이뤄 색과 빛으로 안팎을 이어준다.

위／3층의 아웃도어 리빙. 옥외용 글레어리스 다운 라이트의 집광한 빛으로 화분과 옥외 가구를 비추고 있다. 실내의 밝기를 억제했더니 아웃도어 리빙이 창유리에 되비쳐서 안팎의 경계가 모호하다.

아래／2층 발코니는 집광한 빛으로 와이어프레임 의자를 비추고 있다. 바닥의 타일에 투영된 그림자가 의자의 특징인 가벼움과 가는 선을 적확히 표현하고 있다. 그림자를 긍정적으로 인식한 중간 영역에는 빛과 그림자가 엮어내는 밤의 고급스러운 느낌이 존재한다.

저자 소개

하나이 가즈히코(花井架津彦)

1981년에 태어났으며, 2003년에 다이코전기에 입사해 조명 설계팀 TACT에 배속되었다. 전문 분야는 주택 조명이며, 주로 주택건설회사와 건축가를 대상으로 다수의 조명 계획을 제안했다.《아름다운 정원 조경 레시피 85(「美しい住まいの緑」85のレシピ)》(방현희 옮김, 한스미디어, 2018)를 집필한 오기노 도시야(荻野壽也)의 조원(造園) 연출에도 다수 관여했다. 2018년에 '정원의 기타로(樹太郎)'라는 별명을 얻었으며, 전국 각지에서 강연 활동을 하고 있다.

'아름다운 주택 조명' 그 집대성이 여기에 있다

Team TAKAKI

다카키 히데토시가 이끄는 'Team TAKAKI'는 주택 조명의 가능성을 추구하는 선구자들이다. 디자이너 13인이 경험과 노하우를 공유하면서 각자의 특기 분야를 갈고닦아 새로운 조명을 제안하고 있다. 주택 조명의 역사와 미래가 여기에 있다.

오사카 사무실
다카키 히데토시
(高木英敏)

오사카 사무실
이에모토 아키
(家元あき)

오사카 사무실
하나이 가즈히코
(花井架津彦)

도쿄 사무실
이마이즈미 다쿠야
(今泉卓也)

도쿄 사무실
후루카와 아이코
(古川愛子)

오사카 사무실
도미와 마사요
(富和聖代)

도쿄 사무실
다나카 유키에
(田中幸枝)

오사카 사무실
도이 사야카
(土井さやか)

오사카 사무실
아베 마유미
(安部真由美)

도쿄 사무실
야마우치 시오리
(山内栞)

도쿄 사무실
사토 하루카
(佐藤遙)

도쿄 사무실
요시카와 시오리
(吉川史織)

오사카 사무실(히로시마 주재)
야마모토 주리
(山本樹里)

다이코전기
일러스트레이터로 활약 중!
오사카 TACT
니시카와 마이코
(西川麻衣子)

에필로그

'주거 공간에서 질 높은 조명을 고객에게 전달하고 싶다.' 이런 마음가짐으로 수많은 조명 계획에 진지하게 몰두해왔습니다. 주택 설계자나 인테리어 코디네이터 여러분과 다양한 현장을 찾아가 실제의 빛을 체험함으로써 많은 것을 배울 수 있었지요. '탁상공론이 아닌 현장에서 얻은 주택 조명의 진실을 전하고 싶다.' 이 책 《정원과 집의 조명 디자인》은 지금까지 이런 생각을 가슴에 품고 일하는 가운데 협력을 얻었던 여러분과 함께 만들어낸 책입니다

주택의 외관(조원)과 거리의 경관의 중요성을 가르쳐주었고, 이 책을 만드는 계기를 만들어준 가와모토 구니치카(川元邦親) 선생님. 저를 주택 건설의 파트너로 선택해준 주택 설계자·인테리어 코디네이터 여러분. 이 자리를 빌려 감사의 인사를 전합니다. 건축 전문지 〈건축지식〉의 연재물인 '집의 조명 설계 학원'부터 출판이 되기까지 이끌어준 엑스날러지의 니시야마 님 정말 감사했습니다. "좋은 집은 좋은 조명이 증명한다." 이 말을 가슴에 품고 앞으로도 진지하게 주택 조명에 몰두하려 합니다.

사례 제공

가노건설주식회사
和建設 株式会社
P.121.

도호홈주식회사
東宝ホーム株式会社
P.46. 49. 75. 101(아래).

미사와홈긴키주식회사
ミサワホーム近畿株式会社
P.16. 17. 23.

미쓰이부동산주식회사
三井不動産株式会社
P.64.

세키스이하우스주식회사
積水ハウス株式会社
P.42. 43. 70. 71. 84. 85. 101(위). 105. 115. 128. 129. 130. 131.

오기노도시야 경관설계
荻野寿也景観設計

주식회사 오쓰카 공무점(사가현)
株式会社 大塚工務店 (滋賀)
P.48. 123.

요시카와히로시 설계공방
吉川弥志設計工房
P.81.

일급건축사사무소 NRM
一級建築士事務所エヌアールエム
P.31. 33. 74(아래). 94. 97. 99. 103(위). 109(아래). 124. 125. 127.

주공간설계 Labo
住空間設計 Labo
P.26. 27. 67.

하타도모히로 건축설계사무소
畑友洋建築設計事務所
P.6. 7. 8. 9. 24.

주식회사 Y's design 건축 설계실 + JA laboratory
株式会社Y's design建築設計室 ＋ JA laboratory
P.49. 88. 89. 90. 91.